怀化学院精品教材建设资助项目

高分子材料与加工实验教程

主　编 ○ 胡扬剑　舒　友　罗琼林

西南交通大学出版社
·成　都·

内容简介

本教材由“高分子化学实验”“高分子物理实验”“高分子材料成型与加工”“高分子材料性能测试”“高分子材料综合与设计实验”5个部分共58个实验组成，是一本系统的综合性实验用书。实验原理简明扼要，着重于实验原理和实验操作的讲解，具有典型性、操作性和实用性。

本教材面向高分子材料、材料化学、高分子材料成型加工、复合材料等本科生的专业实验指导，也可供从事高分子材料及相关专业的教学、设计、生产和应用的人员参考使用。

图书在版编目（CIP）数据

高分子材料与加工实验教程 / 胡扬剑，舒友，罗琼林主编. —成都：西南交通大学出版社，2019.6

ISBN 978-7-5643-6928-6

Ⅰ. ①高… Ⅱ. ①胡… ②舒… ③罗… Ⅲ. ①高分子材料－生产工艺－教材 Ⅳ. ①TQ316

中国版本图书馆 CIP 数据核字（2019）第118604号

高分子材料与加工实验教程

主　编／胡扬剑　舒　友　罗琼林

责任编辑／刘　昕

封面设计／何东琳设计工作室

西南交通大学出版社出版发行

（四川省成都市金牛区二环路北一段111号西南交通大学创新大厦21楼　610031）

发行部电话：028-87600564　028-87600533

网址：http://www.xnjdcbs.com

印刷：成都蜀雅印务有限公司

成品尺寸　185 mm × 260 mm

印张　13.5　　字数　334千

版次　2019年6月第1版　　印次　2019年6月第1次

书号　ISBN 978-7-5643-6928-6

定价　39.00元

课件咨询电话：028-87600533

图书如有印装质量问题　本社负责退换

前 言

为了适应高分子材料本科教学改革的要求，培养高分子材料工程领域高素质应用型人才的目的，编者在多年教学实践和经验的基础上，参考其他院校的教材和讲稿，为高分子材料与加工专业编写了这本《高分子材料与加工实验教程》。本教材是根据工科高分子材料本科专业的学习要求，结合应用型人才培养的特点，将“高分子化学实验”“高分子物理实验”“高分子材料成型加工”“材料性能测试”等实验课程内容衔接组合编写而成的。其特点之一是把具有内在联系的实验课程内容组合成一门大的实验教程，在课程开设时方便教师选择实验项目，避免内容的重复；特点之二是教师可以把其中关联性的实验进行组合，开设大的综合实验，有助于学生更系统地了解从高分子材料的制备到最终变成产品的过程，并深入了解材料结构与产品性能之间的关系，更扎实地掌握有关知识和技能。

本教材主要内容分成 5 个部分，共 58 个实验。第一部分是“高分子化学实验”，包括 15 个实验项目，涉及缩聚合反、自由基加聚反、离子型聚合与配位聚合反应、共聚合反应和高分子化学反应，所选实验项目可以加深学生对高分子知识的认识和实验技能的提高；第二部分为“高分子物理实验”，包括 15 个实验项目，涉及聚合物的化学结构及组成、聚集态结构、热性能、聚合物浓溶液的流动性等，通过该部分的实验，可以增强学生对聚合物的结构、组成、聚集态及性能表征的认识；第三部分为“高分子材料成型与加工”，包括 11 个实验项目，涉及塑料共混挤出、填充增强和成型，同时也兼顾了复合材料和橡胶的制造加工，注重实用性、可操作性及科学性的有机结合；第四部分为“高分子材料性能测试”，包括 11 个实验，涉及高分子材料的力学性能、热性能、电性能、阻燃性等测定，内容旨在增强学生对产品应用性能的认识；第五部分为“高分子材料综合与设计实验”，包括 6 个实验项目，涉及聚合物的制备及性能测定、材料成分分析及材料配方设计等内容。综合实验使学生能够把高分子化学、高分子物理以及高分子材料加工与测试方面的理论和实验方法加以综合应用，而设计性实验的目的是培养学生具有自主设计实验、材料加工及设备使用等能力。

本教材由怀化学院胡扬剑编写第一、第二部分，舒友编写第三部分、第四部分，罗琼林编写第五部分，并由胡扬剑统稿及审定。在此编者对支持、关心教材编写工作的各位老师表示诚挚的谢意。

由于涉及的知识面较广，加之编者水平有限，书中难免存在疏漏和不妥之处，恳请读者批评指正。

编　者

2019 年 1 月

目　录

第一部分　高分子化学实验

第二部分　高分子物理实验

第三部分　高分子材料成型与加工

第四部分　高分子材料性能测试

第五部分　高分子材料综合与设计实验

第一部分　高分子化学实验

实验一　甲基丙烯酸甲酯本体聚合

一、目的要求

（1）了解本体聚合的原理，熟悉有机玻璃的制备方法。
（2）掌握减压蒸馏的原理及操作过程。

二、原　理

本体聚合是在没有介质存在的情况下只有单体本身在引发剂或光、热等作用下进行的聚合，又称块状聚合。体系中可以加引发剂，也可以不加引发剂。按照聚合物在单体中的溶解情况，可以分为均相聚合和多相聚合两种：聚合物溶于单体，为均相聚合，如甲基丙烯酸甲酯、苯乙烯等的聚合；聚合物不溶于单体，则为多相聚合。

本体聚合的优点是聚合物中不含杂质，不需进行聚合物的纯化后处理。但随着聚合的进行，转化率提高，体系黏度增加，聚合热难以散发，因此系统的散热是关键。由于黏度增加，长链游离基末端被包埋，扩散困难使游离基双基终止速率大大降低，致使聚合速率急剧增加而出现所谓自动加速现象或凝胶效应。这些现象（效应）轻则造成体系局部过热，使聚合物分子量分布变宽，从而影响产品的机械强度；重则造成体系温度失控，引起爆聚。结果产品内有气泡或空心。在甲基丙烯酸甲酯聚合过程中反应必须严格控制温度，以防止进入爆炸聚合阶段（爆聚）。现一般采用两阶段聚合：第一阶段保持较低转化率，这一阶段体系黏度较低，散热尚无困难，可在较大的反应器中进行；第二阶段转化率和黏度较大，可进行薄层聚合或在特殊设计的反应器内聚合。

甲基丙烯酸甲酯的聚合反应式为

$$n\,CH_2{=}\overset{\displaystyle CH_3}{\overset{|}{C}}-COOCH_3 \longrightarrow \left[CH_2-\underset{\underset{\displaystyle COOCH_3}{|}}{\overset{\overset{\displaystyle CH_3}{|}}{C}} \right]_n$$

三、试剂和仪器

试剂：甲基丙烯酸甲酯（MMA），过氧化苯甲酰（BPO）。

仪器：玻璃板（10 cm × 15 cm），锥形瓶，玻璃纸，弹簧夹或螺旋夹，聚乙烯管。

四、实验步骤

（1）预聚。取 70 ~ 80 g 新蒸馏的甲基丙烯酸甲酯单体放入干净的干燥锥形瓶中，加入引发剂过氧化苯甲酰（为单体质量的 0.1%）。为防止预聚时水汽进入锥形瓶内，可在瓶口包上一层玻璃纸，再用橡皮圈扎紧。用 80 ~ 90 °C 水浴加热锥形瓶，至瓶内预聚物黏度与甘油黏度相近时立即停止加热并用冷水使预聚物冷至室温。

（2）灌模。取一干燥洁净的试管（可适当地加些许装饰物），为避免有气泡产生，将预聚物缓慢、呈细流线状倒入试管中，注意切勿完全灌满，应预留一定空间以防胀裂。

（3）聚合。模口朝上，将上述封好模口的模具放入 40 °C 烘箱中，继续使单体聚合 24 h 以上，然后再在 100 °C 下处理 0.5 ~ 1 h，使反应趋于完全。

（4）脱模。关掉烘箱热源，使聚合物在烘箱中随着烘箱一起逐渐冷却至室温，敲碎试管，可得透明有机玻璃柱体。

五、注意事项

（1）为提高学生的实验兴趣，可预先在模具中放入一些饰品等。

（2）预聚时不要总是摇动瓶子，以减少氧气在单体中的溶解。预聚需 20 min 左右。

（3）学生可将剩余的预聚物倒入一支小试管中进行爆聚实验，即在沸水温度下继续加热使爆聚发生。

六、思考题

（1）为什么要进行预聚合？

（2）如何制大尺寸的有机玻璃块？又如何制备长度为 1 m，直径为 0.3 m（约一尺），厚度为 1 cm 的无缝有机玻璃圆筒？

（3）甲基丙烯酸甲酯聚合到刚刚不流动时的单体转化率大致是多少？

（4）除有机玻璃外，工业上有什么聚合物是用本体聚合的方法合成的？

实验二　苯乙烯的悬浮聚合

一、目的要求

（1）了解悬浮聚合原理及苯乙烯的聚合机理。

（2）掌握悬浮聚合的实验技术。

二、原　理

悬浮聚合是依靠激烈的机械搅拌使含有引发剂的单体分散到与单体互不相溶的介质中实现的。由于大多数烯类单体只微溶于水或几乎不溶于水，所以悬浮聚合通常都以水为介质。在进行水溶性单体如丙烯酰胺的悬浮聚合时，则应当以憎水性的有机溶剂如烷烃等作分散介质，这种悬浮聚合过程被称为反相悬浮聚合。

在悬浮聚合中，单体以小油珠的形式分散在介质中。每个小油珠都是一个微型聚合场所，油珠周围的介质连续相则是这些微型反应器的传热导体。因此，尽管每个油珠中单体的聚合与本体聚合无异，但整个聚合体系的温度控制还是比较容易的。

悬浮体系是不稳定的。虽然加入悬浮稳定剂可以帮助稳定单体颗粒在介质中的分散，但是稳定的高速搅拌与悬浮聚合的成功关系极大。搅拌速度还决定着产品聚合物颗粒的大小，一般说来，搅拌速度越高则产品颗粒越细。用作离子交换树脂和泡沫塑料的聚合物颗粒应当比 1 mm 大一些，而用作牙科材料的树脂颗粒的直径应小于 0.1 mm，直径为 0.2 ~ 0.5 mm 树脂颗粒则比较适于模塑工艺。所以不同场合的树脂颗粒大小反过来也要求不同的搅拌速度。悬浮聚合体系中的单体颗粒存在着相互结合形成较大颗粒的倾向，特别是随着单体向聚合物的转化，颗粒的黏度增大，颗粒间的粘连便越容易。这个问题的解决在大规模工业生产中有决定性的意义，因为分散颗粒的粘连结块不仅可以导致散热困难和爆聚，还可能致使管道堵塞而造成反应体系的高压力。只有当分散颗粒中单体转化率足够高、颗粒硬度足够大时，粘连结块的危险才消失。因此，悬浮聚合条件的选择和控制是十分重要的。

工业上常用的悬浮聚合稳定剂有明胶、羟乙基纤维素、聚丙烯酰胺和聚乙烯醇等，这类亲水性的聚合物又被称为保护胶体。另一大类常用的悬浮稳定剂是不溶于水的无机物粉末，如硫酸钡、磷酸钙、氢氧化铝、钛白粉、氧化锌等，其中工业生产聚苯乙烯时采用的一个重要的无机稳定剂是二羟基六磷酸十钙 $Ca_{10}(PO_4)_6(OH)_2$。

本实验进行苯乙烯的悬浮聚合。若在体系中加入部分二乙烯基苯，产物具有交联结构并有较高的强度和耐溶剂性等，可用作制备离子交换树脂的原料。

三、试剂和仪器

试剂：聚乙烯醇，苯乙烯，二乙烯基苯，过氧化苯甲酰，亚甲基蓝或硫代硫酸钠，磷酸钙粉末，甲醇。

仪器：三口瓶，回流冷凝管，水浴，搅拌器，显微镜（或不用）。

四、实验步骤

向装有搅拌器、温度计和回流冷凝管的 250 mL 三口瓶中加入 110 mL 蒸馏水、10 mL 的 5%聚乙烯醇水溶液，200 mg 磷酸钙粉末和数滴 1%亚甲基蓝水溶液。开始升温并使搅拌器以 250 r/min 左右的速度稳定搅拌。待瓶内溶液温度升至 60 °C 时，取事先在室温下溶解好 250 mg 过氧化苯甲酰引发剂的 20 g 苯乙烯和 3.5 g 二乙烯基苯倒入反应瓶中。加热并保持恒温 95 °C 下聚合，此后应十分注意搅拌速度的稳定。反应 3 h 后用滴定管取样检查珠子是否已发硬，珠子发硬后再使聚合继续 0.5 h。产物过滤后用甲醇洗 3 次（每次用 10 mL），抽干后放入 60 °C 烘箱中烘干，称量，计算收率，并在显微镜下观察珠子的形态。

五、说　明

（1）亚甲基蓝为水相阻聚剂，无亚甲基蓝时可用硫代硫酸钠或其他水相阻聚剂代替。加入少量磷酸钙粉末可使悬浮体系更稳定一些。

（2）若无二乙烯基苯，也可不用，但聚合时间需要延长。

六、思考题

（1）加入水相阻聚剂的好处是什么？

（2）举出工业中悬浮聚合的若干例子并指出各实例中所用单体、引发剂和悬浮稳定剂等。

（3）如何控制悬浮聚合产物颗粒的大小？

实验三　苯乙烯的乳液聚合

一、目的要求

（1）了解乳液聚合中各组分的作用，尤其是乳化剂的作用。

（2）加深对乳液聚合原理的理解，学习典型的乳液聚合的实施过程。

二、原　理

乳液聚合即在乳液体系中进行的聚合。乳液聚合体系的主要成分有介质、乳化剂、单体以及引发剂。常见的乳液聚合体系的介质为水，乳化剂为负离子型如十二烷基苯磺酸钠等。若以憎水性的有机溶剂如二甲苯为介质，采用非离子型的乳化剂如多元醇的单硬脂酸酯，则可以进行亲水性单体如丙烯酸和丙烯酰胺的乳液聚合。亲水性单体在憎水性有机溶剂介质中的乳液聚合又被称为反相乳液聚合。反相乳液聚合的乳液体系不如普通的乳液聚合体系稳定，用得也不太多。

一般乳液聚合中，单体几乎不溶于水或只稍微溶于水。单体分子主要存在于单体颗粒和胶囊之中。与悬浮聚合不同，乳液聚合所用引发剂是水溶性的，而且由于高温不利于乳液的稳定，引发体系产生自由基的活化能应当很低，使聚合可以在室温甚至更低的温度下进行。常用的乳液聚合引发体系有过硫酸盐-亚铁盐体系和异丙苯过氧化氢-亚铁盐等氧化还原引发体系，这类体系产生自由基的活化能只有 41.84 kJ/mol 左右，可在较低的温度下引发烯类单体聚合。

在乳液聚合中，自由基产生于水相。初级自由基可在水相中引发溶在水中的少数单体分子聚合，并经过扩散过程进入胶囊或单体颗粒从而引发胶囊或单体颗粒内的单体分子聚合。由于体系中胶囊的数目比单体颗粒的数目大很多，比如在一个典型的乳液聚合体系中每毫升介质水中约含 10^{17} 个胶囊，而每毫升水所含之单体颗粒数目则只有 10^{11} 个左右，胶囊的总面积比单体颗粒的总表面积要大 10 倍以上，生于水相的自由基通过扩散运动进入胶囊的机会要比进入单体颗粒中的机会大很多。可以想象，乳液聚合的主要场所应当是含有单体分子的胶囊，而在单体颗粒内的聚合则很少。单体颗粒主要起着单体储存库的作用，单体分子不断地由单体颗粒中扩散出去，通过介质进入正在发生聚合的胶乳颗粒以补充颗粒内的单体（原先含有单体分子的胶囊即单体增溶胶囊在单体开始转变为聚合物便转变为胶乳颗粒或单体增溶的聚合物颗粒）。实验发现，单体向胶乳颗粒中的扩散过程通常很快，因而不影响胶乳颗粒中单体的浓度和聚合速度，只有在单体颗粒完全消失之后，乳胶颗粒中的单体浓度才因得不到外界的补偿而逐渐降低。

乳液聚合速度可以表示为

$$R_p = \frac{Nk_p[M]}{2} \cdot \frac{10^3}{N_A}$$

式中，N 为单体增溶的胶乳颗粒数，即聚合反应进行的主要场所数目；k_P 为链生长速度常数；[M]为胶乳颗粒内的单体浓度，在许多情况下[M]可高达 5 mol/L 左右；N_A 为阿伏伽德罗常数。

聚合物分子量与胶乳颗粒数目 N 及引发速度 R_i 的关系可以表示为

$$D_p = \frac{Nk_p[M]}{R_i}$$

上述假设是 Smith-Eward 乳液聚合理论的重要内容。但是，当胶乳颗粒较大时，一个胶乳颗粒可能同时容纳两个或两个以上生长链自由基。此外，胶乳颗粒内部黏度的增大可使终止速度下降。这些因素可以使得实验结果偏离按 Smith-Eward 理论计算所得的数值。

乳液聚合体系十分复杂，至今还没有一个可以圆满地解释全部乳液聚合的理论。但是，由于乳液聚合的突出优点（如聚合热的容易控制，产物胶乳可直接使用以及聚合速度与增加分子量间的不矛盾性等），它在高分子科学和工业上占有十分重要的地位。本实验进行苯乙烯的乳液聚合，所得胶乳颗粒的直径通常为 0.05 ~ 0.2 μm。

三、试剂和仪器

试剂：NaOH，十二烷基磺酸钠（或十二烷基苯磺酸钠），苯乙烯，聚乙二醇（分子量为 300），十二烷基硫醇（或其他分子量调节剂），过硫酸钾，LiCl，HCl，乙醇，甲醇。

仪器：三口瓶，回流冷凝器，搅拌器，恒温水浴，氮气。

四、实验步骤

在装有搅拌器、回流冷凝器和氮气进出导管的三口瓶中加入 180 mL 蒸馏水，以鼓泡的方式将氮气通入水中，搅拌。10 min 后加入 0.1 g NaOH，溶解后加入 0.3 g 十二烷基磺酸钠。加热使反应混合物恒温在 50 °C。加入 100 mL 蒸馏过或以碱水洗过的苯乙烯单体和 3 mL 分子量为 300 的聚乙二醇，再加入两滴十二烷基硫醇和 0.5 g 过硫酸钾。在 50 °C 下聚合进行 3 h 左右。

将聚合物乳液转移至一个 600 mL 的烧杯中，一边搅拌一边加入 10 mL 的 10%LiCl 水溶液以破坏胶乳，再在搅拌中加入 50 mL 的 1 mol/L 盐酸。若 LiCl 溶液未能使乳液破坏，加入 5 mL 乙醇，若乳液还未被破坏，可加入更多的乙醇直至达到目的。

将凝聚下来的聚合物转移至另一 60 mL 的烧杯中，先用甲醇将聚合物洗两次，每次用 100 mL，再用蒸馏水洗两次，每次可用水 200 mL。洗聚合物时应避免激烈搅拌，以免产物再乳化。洗后聚合物在 80 °C 烘箱中干燥至恒量。计算产率。

五、说　明

乙醇可用丙酮代替。破乳剂 LiCl 水溶液也可用硫酸铝水溶液代替。硫酸铝水溶液的浓度可取 2.5%左右。

六、思考题

（1）关于乳液聚合的理论，主要有 Smith-Eward 理论和 Wedvedev-Sheinker 理论两种。这两种理论的主要区别是什么？在什么条件下用哪个理论可以得到比较满意的结果？

（2）举例说明乳液聚合在工业上的应用。

（3）与其他聚合方法相比较，乳液聚合的特点是什么？有何缺点？

（4）乳液聚合中如何控制胶乳颗粒的大小和数目？

实验四　乙酸乙烯酯的溶液聚合

一、目的要求

（1）了解溶液聚合的特点以及乙酸乙烯酯的溶液聚合过程。

（2）利用高分子化学反应制备聚乙烯醇及其缩醛化产物。

二、原　理

与本体聚合相比，溶液聚合有散热与搅拌容易的优点。在某些场合，溶液聚合生成的高分子溶液还可以不经分离直接投入使用，比如，早先在制备聚乙烯醇时先将乙酸乙烯酯进行悬浮聚合，而后将珠状聚乙酸乙烯酯溶解在甲醇中使聚合物水解，现在则是使乙酸乙烯酯在甲醇溶剂中进行溶液聚合，产物可直接进行下一步醇解反应。

在溶液聚合中，溶剂对聚合的各方面都有不同程度的影响。溶剂可以影响引发剂的分解速度，也可能降低引发效率；在某些情况下溶剂的存在可能促进单体的自由基聚合过程，而在另外一些情况下则会使聚合进行缓慢；溶剂还可能影响聚合过程的分子构型，提高或者降低聚合物的立构规整度。但是在自由基聚合中溶剂最突出的影响还是在于产物的分子量。高分子链自由基向溶剂分子的链转移可在不同程度上使产物的分子量降低。若以 C_s 表示溶剂的链转移常数，以[S]表示溶剂的浓度，以[M]表示单体的浓度，则溶剂对聚合物分子量的影响可以表示为

$$\frac{1}{\overline{DP}_0}=\frac{1}{\overline{DP}}+C_s\cdot\frac{[S]}{[M]} \tag{1-1}$$

式中，$\overline{DP}_0$ 为无溶剂存在时的平均聚合度；$\overline{DP}$ 为有溶剂存在时的平均聚合度。举一个例子：在某实验条件下乙酸乙烯酯本体聚合所得产物的聚合度 $\overline{DP}_0=1\,000$；今若改本体聚合为溶液聚合，溶剂为甲醇，其链转移常数 $C_s=3.0\times10^{-4}$，并且[甲醇]=[单体]，则根据公式（1-1），得

$$\frac{1}{\overline{DP}}=\frac{1}{1\,000}+3.0\times10^{-4}\times1$$

$$\overline{DP}=770$$

聚合度由无溶剂时的 1 000 降到了在[甲醇]=[单体]的溶液聚合时的 770，可见溶剂链转移对聚合度有很大影响。

如表 1-1 所示，列出了甲醇在乙酸乙烯酯自由基聚合时在不同聚合温度下的链转移常数值。

表 1-1　甲醇在不同温度下的链转移常数

温度/°C	50	60	70
$C_s/10^{-4}$	2.55	3.20	3.80

本实验进行以甲醇为溶剂的乙酸乙烯酯溶液聚合。聚乙酸乙烯酯在碱催化下醇解可制得聚乙烯醇。聚乙烯醇可以纺丝成纤，纤维经甲醛处理后得到维纶纤维。聚乙烯醇与丁醛缩合制得聚乙烯醇缩丁醛，是制造安全玻璃的原料。在两块玻璃之间夹上一层 0.3 ~ 0.5 mm 厚的聚乙烯醇缩丁醛便得到安全玻璃。

三、试剂和仪器

试剂：偶氮二异丁腈（AIBN），甲醇，乙酸乙烯酯，硫脲（聚合终止剂），NaOH。

仪器：三口瓶，回流冷凝管，水浴，蒸气蒸馏装置，滴液漏斗，培养皿。

四、实验步骤

（1）聚合。往装有回流冷凝管的三口瓶中加入 22.4 mg AIBN、43 g 乙酸乙烯酯和 10.75 g 甲醇。三口瓶放入 70 °C 水浴中加热，回流 3 h 后加入 1 mL 硫脲到甲醇溶液使反应终止。反应时若用搅拌方式，则须通氮气保护。

（2）测单体转化率。取一干净的培养皿和一根玻璃棒，两者共为 M_1 g。用滴管从聚合瓶中取出 3 g 左右聚合物溶液，转移至培养皿中，连同玻璃棒一起称量为 M_2 g。然后一边用玻璃棒搅动培养皿中溶液，一边用热吹风机吹除未反应的单体和甲醇。吹干冷却后称量为 M_3 g。求出聚合转化率。

（3）除去未反应的单体。如图 1-1 所示蒸汽蒸馏装置，用甲醇蒸气除去未反应的单体。在左边的三口瓶 I 中加入甲醇和几滴沸石。在三口瓶 Ⅱ 中加入聚合物溶液。用水浴加热瓶 I 使甲醇蒸气进入三口瓶 Ⅱ，在 60 °C 左右蒸出的馏分是乙酸乙烯酯与甲醇的共沸物。若室温太低蒸不出则可用 60 ~ 64 °C 水浴加热瓶 Ⅱ，使单体顺利蒸出，直至瓶 Ⅱ 内温度稳定在 64 ~ 65 °C（甲醇沸点温度）。

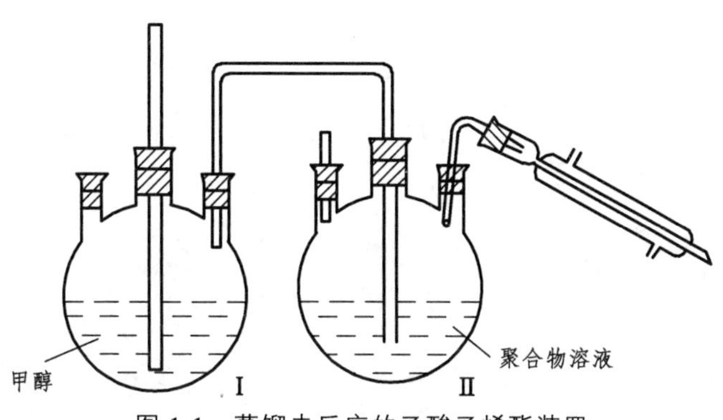

图 1-1　蒸馏未反应的乙酸乙烯酯装置

五、注意事项

（1）加料过程中要控制好滴加的速度，加料太快温度迅速升高，易引起冲料。
（2）聚合完成后未反应的乙酸乙烯酯一定要除干净，否则后续反应中产物会发黄。

六、思考题

（1）溶液聚合的特点有哪些？
（2）得到的产品 PVAc（聚乙酸乙烯酯）的用途有哪些？

实验五　对苯二甲酰氯与己二胺的界面缩聚

一、实验目的

（1）了解界面缩合聚合的原理与方法。

（2）了解尼龙的特点与用途。

二、基本原理

界面缩聚是将两种单体分别溶于两种互不相溶的溶剂中，再将这两种溶液倒在一起，在两液相的界面上进行缩聚反应，聚合产物不溶于溶剂，在界面析出。

反应方程式为

$$n\,H_2N(CH_2)_6NH_2 + n\,ClOC-C_6H_4-ClOC \xrightarrow{NaOH} \left[HN(CH_2)_6NHOC-C_6H_4-CO \right]_n$$

界面缩聚具有以下特点：

（1）界面缩聚是一种不平衡缩聚反应，小分子副产物可被溶剂中某一物质消耗吸收。

（2）界面缩聚反应速率受单体扩散速率控制。

（3）单体为高反应性，聚合物在界面迅速生成，其分子量与总的反应程度无关。

（4）对单体纯度与功能基等摩尔比要求不严。

（5）反应温度低，可避免因高温而导致的副反应，有利于高熔点耐热聚合物的合成。

界面缩聚由于需采用高活性单体，且溶剂消耗量大，设备利用率低，因此虽然有许多优点，但在工业中实际应用并不多。典型的例子是用光气与双酚 A 界面缩聚合成聚碳酸酯。

本实验以对苯二甲酰氯与己二胺进行界面缩聚，原理如图 1-2 所示。

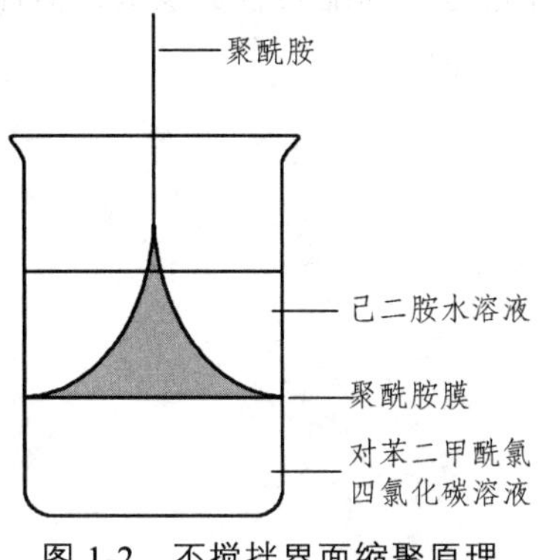

图 1-2　不搅拌界面缩聚原理

三、试剂与仪器

试剂：对苯二甲酰氯，1.35 g；己二胺，0.77 g；CCl_4，100 mL；NaOH，0.53 g；

仪器：带塞锥形瓶（250 mL），1 个；烧杯（250 mL），2 个；烧杯（100 mL），2 个；玻璃棒，1 支；镊子，1 把。

四、实验步骤

（1）在干燥的锥形瓶中称取 1.35 g 对苯二甲酰氯，加入 100 mL 无水 CCl_4，盖上塞子，摇动使对苯二甲酰氯尽量溶解配成有机相。

（2）取两个 100 mL 烧杯分别称取新蒸馏己二胺 0.77 g 和 NaOH 0.53 g，共用 100 mL 水将其分别溶解后倒入 250 mL 烧杯中混合均匀，配成水相。

（3）将有机相倒入干燥的 250 mL 烧杯中，然后用一支玻璃棒紧贴烧杯壁并插到有机相底部，沿玻璃棒小心地将水相倒入，马上就可在界面观察到聚合物膜的生成。

（4）用镊子将膜小心提起，并缠绕在玻璃棒上，转动玻璃棒，将持续生成的聚合物膜卷绕在玻璃棒上。

（5）所得聚合物放入盛有 200 mL 的 1% HCl 水溶液中浸泡后，用水充分洗涤至中性。

（6）用蒸馏水洗，压干，剪碎，置真空干燥箱中于 80 °C 真空干燥，计算产率。

五、注意事项

（1）为防止界面被破坏，己二胺水溶液要小心沿玻璃棒慢慢加入。

（2）要注意对苯二甲酰氯的四氯化碳溶液在下层。

六、思考题

（1）为什么在水相中需加入两倍量的 NaOH？若不加，将会发生什么反应？对聚合反应有何影响？

（2）二酰氯可与双酚类单体进行界面缩聚合成聚酯，但却不能与二醇类单体进行界面缩聚，为什么？

实验六　自由基共聚合竞聚率的测定

一、目的要求

（1）加深对自由基共聚合的理解。

（2）掌握测定共聚合单体竞聚率的方法。

二、原　理

若两种单体 M_1 和 M_2，共存于一个自由基聚合体系中，该体系应有四种链生长反应：

$$M_1^{\bullet} + M_1 \xrightarrow{k_{11}} M_1M_1^{\bullet}$$

$$M_1^{\bullet} + M_2 \xrightarrow{k_{12}} M_1M_2^{\bullet}$$

$$M_2^{\bullet} + M_2 \xrightarrow{k_{22}} M_2M_2^{\bullet}$$

$$M_2^{\bullet} + M_1 \xrightarrow{k_{21}} M_2M_1^{\bullet}$$

可以导出共聚物中两单体含量之比与上述四个速度常数以及共聚单体浓度的关系式：

$$\frac{d[M_1]}{d[M_2]}=\frac{\dfrac{k_{11}}{k_{12}}\cdot\dfrac{[M_1]}{[M_2]}+1}{1+\dfrac{k_{22}}{k_{21}}\cdot\dfrac{[M_2]}{[M_1]}}=\frac{\left(r_1\cdot\dfrac{[M_1]}{[M_2]}\right)+1}{1+\left(r_2\cdot\dfrac{[M_2]}{[M_1]}\right)} \tag{1-2}$$

式中，$r_1 = k_{11}/k_{12}$　$r_2 = k_{22}/k_{21}$，被定义为单体 M_1 和 M_2 的竞聚率。公式（1-2）即为共聚合方程。

通过简单的数学换算，公式（1-2）可以改写成各种更有用的形式。比如，以 F 代替 $d[M_1]/d[M_2]$，并将单体 M_2 的竞聚率写成单体 M_1 的竞聚率 r_1 的函数形式，可得到

$$r_2=\frac{1}{F}\left(\frac{[M_1]}{[M_2]}\right)^2\cdot r_1+\left(\frac{[M_1]}{[M_2]}\right)\left(\frac{1}{F}-1\right) \tag{1-3}$$

据此，我们可从实验数据求出单体的竞聚率 r_1 与 r_2，公式（1-3）中 F 及$[M_1]$，$[M_2]$都可由实验测出（在转化率很低时，单体浓度可以投料时的浓度代替），对于每一组 F 及单体浓度值，我们都可以根据公式（1-3）做出一条直线。因公式（1-3）中 r_1 与 r_2 都是未知数，作图时需首先人为地给 r_1 规定一组数值，然后按公式（1-3）算出相应于各 r_1 时的 r_2，再以 r_2 对 r_1 作图，便能得出一条直线，如果在不同的共聚单体浓度下做实验，我们就能得到若干条具有不

同斜率和截距的直线。这些直线在图上相交点的坐标便是两单体的真实竞聚率 r_1 和 r_2。

相似地，若将公式（1-3）写成

$$\left(\frac{[M_1]}{[M_2]}\right)\left(\frac{1}{F}-1\right)=r_2-\frac{1}{F}\left(\frac{[M_1]}{[M_2]}\right)^2\cdot r_1 \tag{1-4}$$

并以不同$[M_1]$、$[M_2]$与 F 值时计算所得的（$[M_1]/[M_2]$）（$1/F-1$）对$([M_1]/[M_2])^2/F$ 作图，直线的斜率应为 r_1，而截距即为 r_2（Fineman-Ross 方法）。

因此，只要由实验测得不同$[M_1]$与$[M_2]$时的 F 值便可由作图法求出共聚单体的 r_1 与 r_2 值。为精确起见，实验常常是在低转化率时结束。在低转化率下，$[M_1]$与$[M_2]$可由投料组成决定，剩下的工作就只有共聚物中两共聚单体成分的含量比 F 值的测定了。

有许多方法可以用来测定共聚物中各单体成分的含量。本实验介绍用紫外分光光度法和红外光谱法测定共聚物组成的原理和方法。

用红外光谱测定共聚物组成时，假定共聚物中某单体成分的含量 c 与该成分在某红外光波长上的吸收 A 的关系符合 Lambert-Beer 定律：

$$A=\varepsilon bc \tag{1-5}$$

式中，b 为样品厚度；ε 为所测成分的摩尔吸收系数，ε 可由该单体的均聚物在同一波长上的吸收 A 和均聚物中单体结构单元的摩尔浓度求得。于是 b 和ε 为已知，只要测定各共聚物样品在同一波长上的吸收 A 便可算出共聚物中该单体的摩尔浓度 c。

用紫外光谱测定共聚物组成时，先用两个单体的均聚物做出工作曲线。其过程是将两均聚物按不同配比溶于一共同溶剂中制成一定浓度的高分子共混物溶液，然后用紫外分光光度计测定某一特定波长下的摩尔消光系数。在该波长下共混物溶液的摩尔消光系数 K 与两均聚物之摩尔消光系数 K_1 与 K_2 应有如下关系式：

$$K=\frac{x}{100}K_1+\frac{100-x}{100}K_2=K_2+\frac{K_1-K_2}{100}\cdot x$$

式中，摩尔消光系数为 K_1 的均聚物在共混物中所占的摩尔百分含量以 $x/100$ 表示；另一均聚物的百分含量为（$100-x$）/100，其摩尔消光系数为 K_2。由含不同 x 值的共混物的 K 值对 x 作图所得直线即为工作曲线。今假定共聚物中两单体成分的含量及其摩尔消光系数的关系满足上式，则可在相同实验条件下测得共聚物之摩尔消光系数 K，进而从工作曲线中找到该共聚物的组成 x 值。

如表 1-2 所示，比较了不同方法测得的几个苯乙烯与甲基丙烯酸甲酯的共聚物样品中甲基丙烯酸甲酯的含量。

表 1-2　不同方法测定的共聚物中甲基丙烯酸甲酯的含量

样品	共聚物中 MMA 的百分含量/%				
	元素分析法	红外法	紫外法	磁方法	折射率法
1	74.4	74.0	78.5	73.5	72.8
2	58.1	53.0	57.7	—	57
3	42.2	41.0	48.5	40.2	41.5
4	23.0	23.5	28.7	24.1	21.5

三、试剂和仪器

试剂：苯乙烯，甲基丙烯酸甲酯，偶氮二异丁腈，氯仿，甲醇。

仪器：紫外分光光度计（或红外光谱仪）一台，注射器，恒温水浴（80 °C）。

四、实验步骤

用紫外分光光度计测定苯乙烯和甲基丙烯酸甲酯两单体在自由基共聚合时的竞聚率，制备一组配比不同的聚苯乙烯和聚甲基丙烯酸甲酯的混合物的氯仿溶液。溶液中聚合物组成单元的总浓度为 10^{-3} mol/L，各溶液中两聚合物的组成单元摩尔比如表 1-3 所示。

表 1-3　各溶液中两聚合物的组成单元的摩尔比

样品	PMMA	PS	消光系数
1	0	100	
2	20	80	
3	40	60	
4	60	40	
5	70	30	
6	100	0	

（1）用紫外分光光度计测定波长为 265 nm 处的摩尔消光系数，根据测定结果做出工作曲线。

（2）制备共聚物样品。取 5 个 15 mm × 200 mm 试管，洗净，烘干，塞上翻口塞。在翻口塞上插入两根注射针头，一根通入氮气，一根作为出气孔。将 200 mg 偶氮二异丁腈（AIBN）溶解在 10 mL 甲基丙烯酸甲酯（MMA）中作为引发剂。

（3）用注射器在编好号码的 5 个试管中分别加入如下数量的新蒸馏的 MMA 和苯乙烯（见表 1-4）。

表 1-4　共聚中加入甲基丙烯酸甲酯和苯乙烯的体积比

试管号	单体 MMA/mL	单体 St/mL
1	3	16
2	7	12
3	11	8
4	13	6
5	19	0

（4）用一支 1 mL 的注射器分别向每支试管内注入 1 mL 引发剂溶液。将 5 支试管同时放入 80 °C 恒温水浴中并记录时间，从 1 号到 5 号五个试管的聚合时间分别控制为 15、15、30、30、15 min。

用自来水冷却每支由水浴中取出的试管，倒入 10 倍量的甲醇中将聚合物沉淀出来。聚合物经过滤抽干后溶于少量氯仿，再用甲醇沉淀一次。将聚合物过滤出来并放入 80 °C 真空烘箱中干燥至恒量。

将所得聚合物样品各制成约 10^{-3} mol/L 氯仿溶液，在 265 nm 波长测定溶液的吸光度 K，对照工作曲线求出各聚合物的组成，然后按公式（1-3）或（1-4）用作图法求 r_1 与 r_2。

用红外光谱测定苯乙烯和甲基丙烯酸甲酯两单体在自由基共聚合时的竞聚率，共聚物样品制备同上述实验，其中样品 5 为 MMA 之均聚物。

（1）将各个样品制成浓度为 0.25 g/10 mL 的聚合物氯仿溶液。

（2）将样品溶液放在红外光谱用液体池中，而在参考池中放入溶剂氯仿，用红外光谱仪测定样品在 5.7 μm 处的吸收，如图 1-3 所示确定各样品的吸收。

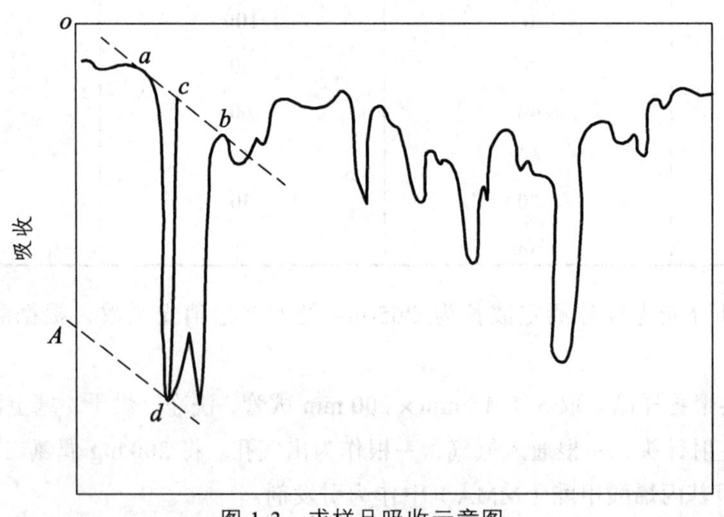

图 1-3　求样品吸收示意图

（连接 ab，作峰高 cd，连接 c 与 o 点，通过 d 点作 co 的平行线与吸收轴相交 A 点，A 点所标吸收值即为样品在该吸收峰处的吸收）

（3）根据样品（均聚物及共聚物）的吸收和公式（1-5）求出各样品的组成。

五、说　明

根据实验室条件选紫外法或红外法进行实验。

六、思考题

（1）叙述测定共聚合单体竞聚率的各种方法并对照它们的优缺点。

（2）为什么有些不能均聚合的单体可以参加共聚合？

（3）苯乙烯与甲基丙烯酸甲酯两共聚单体在自由基共聚合与离子型共聚合中表现出不同的竞聚率，请解释其原因。

实验七　正丁基锂的制备和乙烯基类单体的负离子聚合

一、目的要求

（1）掌握正丁基锂的制备方法。

（2）了解烯类单体负离子聚合的原理和特点。

二、原　理

生长链是负离子的聚合称负离子聚合，其主要的引发体系分两类：一为亲核加成反应，以丁基锂为代表；二为单电子转移反应，以萘钠为代表。它们引发烯类单体聚合的机理分别表示为

$$C_4H_9-Li^+ + CH_2=\underset{\displaystyle X}{\underset{|}{CH}} \longrightarrow C_4H_9CH_2-\underset{\displaystyle X}{\underset{|}{\bar{C}H}}\cdots Li^+ \xrightarrow[\text{聚合物}]{\text{单体}}$$

$$Na + \text{萘} \xrightarrow{e^-} Na^+ + [\text{萘}]^{\cdot -}$$

$$Na + [\text{萘}]^{\cdot -} + CH_2=\underset{\displaystyle X}{\underset{|}{CH}} \longrightarrow \text{萘} + \cdot CH_2-\underset{\displaystyle X}{\underset{|}{\bar{C}H}}\cdots\cdots Na^+ \xrightarrow[\text{聚合物}]{\text{单体}}$$

$$2\cdot CH_2-\underset{\displaystyle X}{\underset{|}{CH}}\cdots Na^+ \longrightarrow Na\cdots\underset{\displaystyle X}{\underset{|}{\bar{C}H}}-CH_2-CH_2-CH_2-\underset{\displaystyle X}{\underset{|}{CH}}\cdots Na^+$$

或金属钠直接引发烯类单体聚合：

$$Na + CH_2=\underset{\displaystyle X}{\underset{|}{CH}} \xrightarrow{e} \cdot CH_2-\underset{\displaystyle X}{\underset{|}{\bar{C}H}}\cdots\cdots Na^+$$

$$2\cdot CH_2-\underset{\displaystyle X}{\underset{|}{\bar{C}H}}\cdots Na^+ \longrightarrow Na\cdots\underset{\displaystyle X}{\underset{|}{\bar{C}H}}-CH_2-CH_2-CH_2-\underset{\displaystyle X}{\underset{|}{CH}}\cdots Na^+ \xrightarrow[\text{聚合物}]{\text{单体}}$$

（双负水合氢离子）

本实验是用丁基锂作引发剂引发苯乙烯、甲基丙烯酸甲酯和丙烯腈负离子聚合。正丁基锂是用金属锂与氯代正丁烷在非极性溶剂中反应而得。纯净正丁基锂在室温下为黏稠液体，

很容易被空气氧化和在水汽的作用下分解，所以一般制成浓度约 10%的芳烃（苯）或烷烃（己烷、庚烷）溶液，密闭保存。

丁基锂在纯净或非极性溶剂中以缔合状态存在。在苯和乙烷、庚烷中以六聚体存在，并和单聚体间有一平衡：

$$(C_4H_9Li)_6 \xrightleftharpoons{K} 6C_4H_9Li$$

溶剂极性增加，缔合减少，在极性溶剂如四氢呋喃中，则完全不缔合。由于只有不缔合的正丁基锂有引发聚合能力，所以极性溶剂有利于正丁基锂的引发聚合。

本实验中以庚烷和苯做溶剂分别制备正丁基锂，金属锂与氯代正丁烷的反应式为

$$n\text{-}C_4H_9Cl + 2Li \longrightarrow n\text{-}C_4H_9Li + LiCl$$

产生的氯化锂从溶剂中沉淀出。溶有丁基锂的庚烷或苯溶液即可用于引发聚合。

三、试剂和仪器

试剂：金属锂，氯代正丁烷，庚烷，苯，苯乙烯，甲基丙烯酸甲酯，丙烯腈，高纯氮气。

仪器：三口瓶（250 mL），冷凝管，恒压分液漏斗，电磁搅拌器，结晶皿（ϕ140 mm），试管（20 mm × 150 mm），注射器，磨口锥形瓶（50 mL），调节温度计，翻口橡胶塞。

四、实验步骤

1）丁基锂的制备

（1）庚烷为溶剂。从约 100 °C 的烘箱中取出烘干的 250 mL 三口瓶、分液漏斗、冷凝管，图 1-4 所示趁热装好仪器。冷凝管出口接一干燥管，再连一干燥橡皮管，其另一端浸入小烧杯的石蜡油中（根据石蜡油鼓气泡的大小，可以调节氮气的流量）。

在三口瓶中加 35 mL 无水正庚烷及新剪成小片的 5 g 金属锂。加热甘油浴至约 60 °C。通高纯氮气 5 ~ 10 min 后，在搅拌下从滴液漏斗加入 30 mL 无水正氯丁烷及 16 mL 无水正庚烷的混合液。因放热，庚烷回流。控制滴加速度，使回流不要太快，约 20 min 滴加完，此时溶液呈浅蓝色。将甘油浴加热至 100 ~ 110 °C，并调节好温度计控温，搅拌下回流 2 ~ 3 h。反应后期，大量氯化锂产生，溶液先转乳浊，最后呈灰白色。反应期间氮气流量调至能在石蜡油中产生一个接一个的气泡即可。

反应结束后，稍加冷却，通氮气下取下三口瓶，三口均盖磨口塞，室温下静置约 0.5 h，让氯化锂沉于瓶底。上层清液即为丁基锂溶液，呈浅黄色。准备好一干燥的 50 mL 磨口锥形瓶，将上层清液轻轻倒入锥形瓶中，瓶口塞翻口塞，放置在干燥器中备用。

（2）苯为溶剂。仪器及装置同如图 1-4 所示。加 50 mL 干燥苯及 0.5 g 金属锂，通高纯氮气 5 ~ 10 min，将体系中的空气排除。开启电磁搅拌，从滴液漏斗加入 5 g 无水正氯丁烷反应温度控制在以保持苯有少量回流为宜，反应 4 ~ 5 h 后降至室温。在通氮气条件下取三口瓶，各瓶口均盖上磨口塞，约 0.5 h 后将上层清液转移入 50 mL 干燥磨口锥形瓶，塞紧翻口塞，存放于干燥器中。清液中丁基锂浓度约 1 mol/L，使用时用注射器直接插入翻口塞吸取。

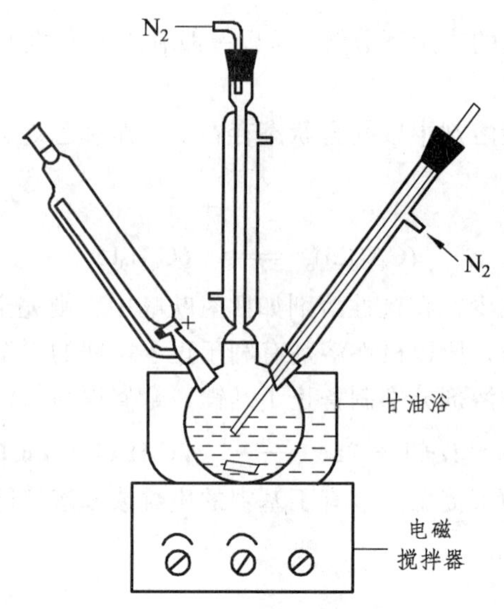

图 1-4　正丁基锂制备装置

庚烷为溶剂与苯为溶剂这两种方法基本相同，只是前者丁基锂浓度大，后者较小，但均适用于聚合。

2）苯乙烯（St）、甲基丙烯酸甲酯（MMA）、丙烯腈（AN）负离子聚合

将洗净、烘干的 3 支 20 mm × 150 mm 试管编号，分别加 2 mL 干燥的 St、MMA 和 AN，再各加 2 mL 干燥苯或正庚烷（若加正庚烷，聚合体将以沉淀析出）。每支试管通高纯氮气 5 min（通氮气之毛细管插入液体底部）后，塞紧翻口塞，分别按如下步骤进行聚合。

（1）苯乙烯负离子聚合。

取一干燥 5 mL 注射器，装一长针头（约 10 cm），从装在氮的钢瓶乳胶管部分吸氮气洗针筒两次，再吸氮气 2 mL 注入装有丁基锂的锥形瓶，同时吸出 2 mL 正丁基锂-庚烷溶液。

在装有 St 的试管中注入 0.5 mL 正丁基锂-庚烷溶液，管内液体随即变橙色。摇匀，室温放置，转红色，随后溶液变热，变稠，因聚合热，苯甚至沸腾，此时需用冷水稍加冷却。再在室温放置 0.5 h，慢慢倒入 60 mL 甲醇中析出聚合物，将析出的聚合物浸泡 5 ~ 10 min 后，转移入另一存有 30 mL 甲醇的小烧杯中，包附于聚合物中的溶剂、未聚合单体都扩散出来（约 0.5 h）后，过滤、烘干，称量并计算产率。

（2）丙烯腈、甲基丙烯酸甲酯负离子聚合。

与 St 相比，MMA、AN 对负离子聚合比较活泼。尤其是 AN，因为—CN 基是极强的负性基，使双键电子云密度低，所以非常容易负离子聚合。

在装 AN 的试管中小心地一滴一滴地加入丁基锂-庚烷溶液，反应激烈。每加一滴，就在局部引起聚合，使附近区域的苯汽化，发出吱吱声，同时产生聚丙烯腈沉淀，沉淀颜色为土黄色。加完 0.5 mL 催化剂后，摇匀，在室温放置 5 ~ 10 min 后即可加甲醇洗出聚合物，并过滤，烘干，称量。

MMA 的活性介于 St 和 AN 之间，但实际上由于 MMA 亲水性大，其中微量水很难除尽，

使聚合反应不像 St、AN 那样明显。丁基锂溶液加入 MMA 时，若先不摇晃，可观察到甲基丙烯酸甲酯负离子的橙黄色。若 MMA 干燥不好，稍一摇动。橙黄色即消失。其他步骤与 St 聚合的相同。

五、说明及注意事项

（1）商售金属锂是浸于煤油中很软的金属块，使用时取出一小块，用滤纸擦除煤油。方法：垫好滤纸，用手捏住后用剪刀剪成小片，再剪成小条，尽量小以缩短反应时间。反应完后，剩余锂的处理：将倾析清液后的三口瓶放于木圈上，用滴管慢慢加入无水乙醇，将锂作用完后再冲水洗涤。冲水前要小心，先加少量乙醇试试，确信已无锂后再用水洗。少量锂与水虽然不自燃，但锂量稍多时遇水亦会引起燃烧。

（2）在庚烷、苯回流温度下，氯代正丁烷与锂要充分反应（视加的锂片大小，越大越厚则反应越慢）一般需要 5 ~ 6 h 以上。本实验为了缩短时间，减少了反应时间，所以反应是不完全的，不能以加料量来计算最后得到的丁基锂浓度（见“六、丁基锂的分析”）。

（3）苯乙烯的负离子呈红色，红色不褪，表明苯乙烯负离子存在。在苯乙烯负离子聚合的试管中，用注射器穿透翻口塞加 1 mL 干燥 MMA，可观察到红色立即转成浅黄色，苯乙烯的负离子转成了 MMA 负离子。试管发热表明进行了嵌段聚合。

（4）丁基锂与水反应激烈，在空气中亦迅速氧化。注射丁基锂溶液的针筒针头，用后应立即用庚烷或石油醚洗，以免针头堵死和针筒固住。残存的丁基锂应该用醇处理掉而不能倒入水中。

（5）本实验用的单体、溶剂都必须经严格脱水处理。苯乙烯、MMA、丙烯腈、苯、庚烷都可以在蒸馏纯化前加氢化钙，至无气泡产生，然后蒸出。蒸出的单体、溶剂中再加少量氢化钙（此时不应再有气泡），存放保干器备用。

六、丁基锂的分析

正丁基锂的分析是应用“双滴定”的方法，即取双份同量的正丁基锂溶液，一份加水水解，再用标准盐酸滴定，测定总碱量。另一份先和氯化苄反应，然后用水水解，再用标准盐酸滴定。从两份滴定值之差求得其浓度。

分析步骤如下：

（1）取两个 150 mL 锥形瓶，各加入 20 mL 蒸馏水，然后用注射器各加 1 mL 正丁基锂溶液，摇动，加 2 ~ 3 滴酚酞（0.5%乙醇溶液），用标准盐酸（0.1 mol/L）滴定，得总碱量 V_1。

（2）另取两个 150 mL 干燥锥形瓶，通氮除氧，装置如图 1-5 所示。用 10 mL 注射器各加入 10 mL 氯化苄-无水乙酸溶液（体积比 1：10），在通氮下各注入 1 mL 正丁基锂溶液，摇匀，用红外灯加热 15 min，加入 20 mL 蒸馏水，摇匀，加 2 ~ 3 滴酚酞，用标准盐酸滴定得 V_2，注意水层比醚层早褪色，在接近等当量点时用力摇动，避免过等当量点。

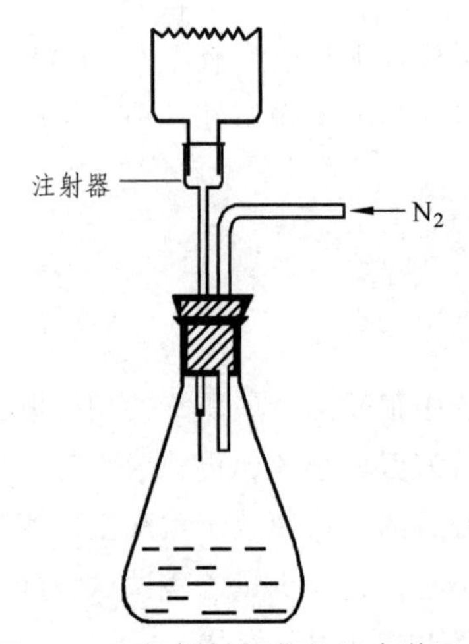

图 1-5　丁基锂与氯化苄反应装置

（3）由两次滴定值的平均值计算丁基锂浓度。计算方法为

$$M = \frac{(V_1 - V_2) \cdot N_{HCl}}{V}$$

式中，M 为丁基锂摩尔浓度；V_1、V_2 分别为第一、第二次滴定所消耗的标准盐酸体积，mL；N_{HCl} 为标准盐酸的物质的量浓度；V 为正丁基锂溶液体积，mL。

七、思考题

（1）假如本反应定量进行，请计算所制备的丁基锂溶液的浓度。

（2）制备丁基锂装置中的分液漏斗带一侧管，目的何在？若无此装置，该怎么办？

实验八　二苯酮钾的制备和苯乙烯的负离子聚合

一、目的要求

（1）掌握二苯酮钾的制备方法。

（2）了解氧负离子与碳负离子的活性差别。

二、原　理

负离子聚合是由碱性物质，如碳负离子、氧负离子，攻击单体进行的。碱性催化剂包括氢氧基、烷氧基、共价键或离子键的金属氨化物、格氏试剂、碱金属，烷基碱金属和二苯酮碱金属都可用来引发负离子聚合。

负离子聚合的速度通常可表示为

$$R_P = K_P[M][M^-]$$

其中，[M]为单体浓度；$[M^-]$为负离子活性链浓度，通常可用加入的催化剂的浓度代替，此时 R_P 可表示为

$$R_P = K_P[M][C]$$

式中，[C]为催化剂浓度。

负离子聚合速度比自由基聚合的要快很多，主要原因不是 K_P 大而是$[M^-]$这一项大。以苯乙烯为例，自由基聚合（60 °C）的 Kp 为 179 L/（mol · s），负离子聚合的为 950 L/（mol · s）（25 °C，四氢呋喃为溶剂，Nz^+为抗衡离子），后者要比前者大好几倍。自由基聚合中自由基浓度为 10^{-8} mol/L，负离子聚合中增长链负离子浓度$[M^-]$约为 10^{-3} mol/L（即所加的催化剂浓度[C]），后者大几个数量级。所以负离子聚合速度大的主要原因是体系中增长链负离子的浓度大。

苯乙烯、丁二烯非极性单体的负离子聚合由于不易链终止（无偶合终止反应，转移一个 H^- 的终止亦非常困难），所以操作要小心。排除链转移反应时，就有可能导致不终止或获得“活”的聚合物链，从而可以进行嵌段共聚合。

负离子聚合的另一个特点是加入的催化剂几乎同时引发单体聚合，即所有增长链差不多同时被引发，加上无终止反应和转移反应，其结果导致生成分子量分布非常窄的聚合物，M_W/M_n 值可以达到 1.01 ~ 1.10。

本实验用二苯酮的碱金属化合物（Metal Ketyl）如二苯酮二钾进行负离子聚合。二苯酮二钾可按如下反应合成：

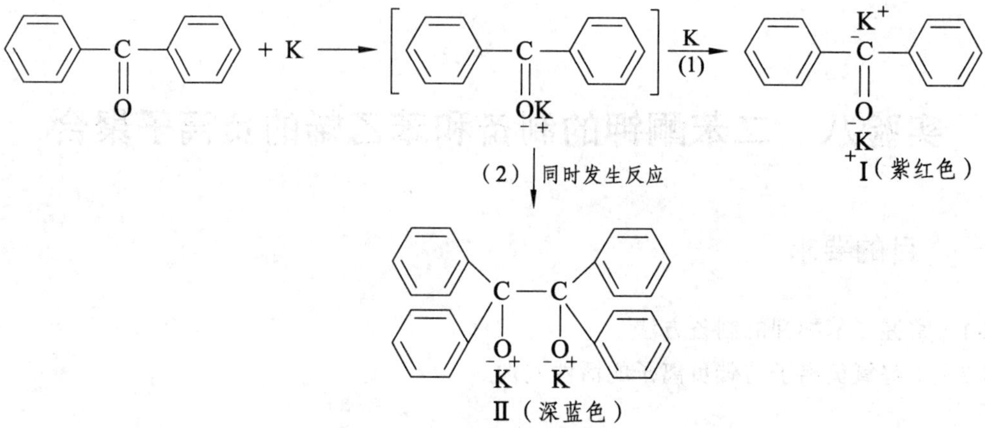

$+ K \longrightarrow$ [ ] $\xrightarrow[(1)]{K}$

OK

K

I（紫红色）

（2）同时发生反应

II（深蓝色）

二苯酮和一分子钾反应生成不稳定中间体二苯酮单钾自由基，与钾继续反应，生成紫红色二苯酮二钾Ⅰ。在Ⅰ的两负离子中，碳负离子的引发活性比氧负离子大。如果钾量不足或其他原因，反应（1）被抑制，二苯酮单钾自由基将偶合成Ⅱ，Ⅱ呈深蓝色，只有氧负离子，所以活性比Ⅰ小。

苯乙烯是负离子聚合活性较小的单体。它只能被碳负离子引发而不能被氧负离子引发，所以二苯酮与钾反应得到的深蓝色反应物。因为是氧负离子，不能引发苯乙烯聚合（但可以引发丙烯腈聚合），只有反应物的颜色呈紫红色，表明生成了二苯酮二钾，这时才能说明引发了苯乙烯聚合。

二苯酮二钾引发苯乙烯聚合的反应可表示为

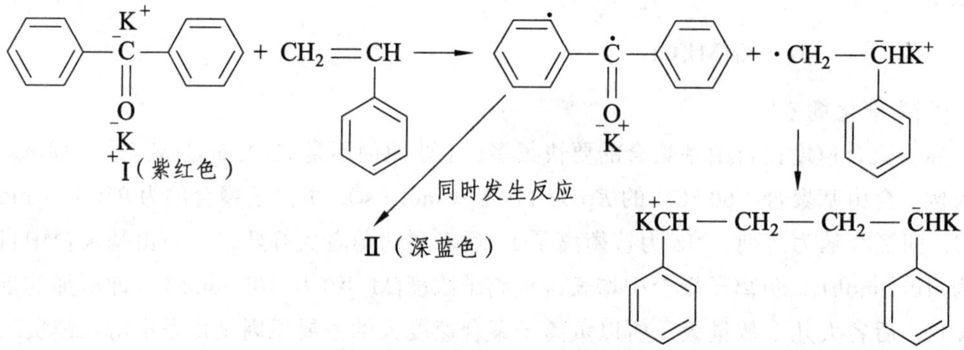

$+ CH_2 = CH \longrightarrow$ $+ \cdot CH_2 - \bar{C}HK^+$

I（紫红色）

同时发生反应

II（深蓝色）

$\overset{+\,-}{K}CH - CH_2 - CH_2 - \bar{C}HK$

Ⅰ的碳负离子向苯乙烯转移一个电子，生成二苯酮单钾自由基和苯乙烯自由基，前者偶合成Ⅱ，呈深蓝色，后者偶合成苯乙烯双负离子，它两端增长，引发苯乙烯聚合。

由于Ⅱ的蓝色非常深，它掩盖苯乙烯负离子的颜色，所以用这一体系引发苯乙烯聚合时，一般只观察到紫红色的催化剂随着苯乙烯的加入转变成蓝色，而观察不到苯乙烯负离子的红色。

三、试剂和仪器

试剂：二苯酮，四氢呋喃，甲苯，金属钾，苯乙烯，甲醇。

仪器：试管（20 mm×150 mm），翻口塞，注射器（5 mL），锥形瓶，烧杯，玻璃砂漏斗（3号）。

四、实验步骤

1）二苯酮二钾的制备

将 3 g 二苯酮溶于 50 mL 干燥的四氢呋喃（置于锥形瓶中），存放保干器备用。

取 0.3 g 新切除表皮的金属钾，放入装有 8 mL 甲苯的试管（20 mm×150 mm）中，在煤气灯（还原焰）或酒精灯上加热至甲苯微沸。塞一橡皮塞后，垫好干布，用力上下摇动试管，使钾碎成细颗粒。大小约 1 mm（直径）为宜。

去掉橡皮塞，趁热加 5 mL 四氢呋喃二苯酮溶液。盖一翻口塞并插入一针头，针斗接水泵抽气，使溶液沸腾，约 1 min 后取出针头。不时振荡试管约 0.5 h，管内溶液从无色变绿，再变成蓝色，最后转为紫色（或蓝紫色）。紫色溶液即可用于引发苯乙烯聚合。

2）苯乙烯负离子聚合

取一干燥针筒，吸干燥新蒸馏的 5 mL 苯乙烯，握住针筒（注意，别让负压一下将 5 mL 苯乙烯都吸入试管），分几次缓慢注入上述聚合管中，并用力摇动。若放热厉害，溶液沸腾，可用冷水冷却，待反应平稳后再注入苯乙烯。溶液颜色在加苯乙烯时转为蓝色，并逐渐变黏。

加完苯乙烯后，在室温下再反应 0.5 ~ 1 h。去掉翻口塞，将黏稠液慢慢倒入 100 mL 甲醇中。将析出的聚合体在甲醇中浸泡 10 ~ 15 min 后，转移入另一存放约 40 mL 甲醇的烧杯中浸泡，让聚合体中的溶剂、未聚合单体充分扩散入甲醇。必要时可用干净的剪刀将聚合体剪成小条浸泡。约 0.5 h 后用玻璃砂漏斗过滤，用少量甲醇洗涤，抽干，于 60 °C 真空烘箱中干燥，称量，测转化率。

五、说　明

（1）本实验中所用的溶剂均应是无水的。甲苯、四氢呋喃蒸馏前均需用氢化钙干燥。苯乙烯用 10%氢氧化钠水溶液洗除对二酚，再水洗至无碱性，先用氯化钙再用氢化钙干燥后减压蒸馏得到。

（2）金属钾遇水即燃烧，如空气湿度太大，在将钾切小或清除其表层氧化物时亦会引起自燃。钾的熔点为 63.2 °C，甲苯沸点为 119.6 °C。热甲苯中的钾是液体，用力一摇即粉碎成小颗粒。由于从火源取出，加上一摇，热的甲苯接触冷的试管壁，管内压力很快下降，所以握住塞子用力摇是很安全的。

（3）在苯乙烯加入催化剂的试管之前，可以先用注射器往试管中注入高纯氮，将管内负压破坏后再注入苯乙烯，就不会发生一下子将苯乙烯吸入的情况，操作就比较安全了。

（4）聚合的黏液倒入甲醇来沉淀聚合物，如果其中的单体、溶剂没有充分扩散出来，聚合体是面团状的，这时就用玻璃砂漏斗过滤，进入减压烘箱干燥，溶剂、单体就会沸腾，聚合体变成像泡沫塑料一样，甚至在玻璃砂漏斗中装不下而溢到外面。避免这种情况的最好办法是将面团状的聚合体剪成小块，在新换的甲醇中再浸泡约 0.5 h 直至聚合体变硬即可。

（5）如有条件，将负离子聚合得到的聚苯乙烯（包括丁基锂等其他负离子聚合的样品）在 GPC 上做一分子量分布，并与自由基聚合的进行比较，负离子聚合样品的分子量分布应比较窄。

（6）经电子转移机理引发苯乙烯负离子聚合，除去实验的二苯酮二钾外，更典型的应是萘钠（金属钠亦是），萘钠溶于四氢呋喃，是一个深绿色溶液，制备方法如下：在装有电磁搅拌烧瓶中加 50 mL 纯化干燥的四氢呋喃、1.5 g 升华的干燥萘、1.5 g 金属钠（切成小块）；用干燥的氮气清洗烧瓶，在维持氮气压力稍高于大气压下搅拌 2 h，得到深绿色萘钠的四氢呋喃溶液，即可用于引发苯乙烯聚合。

六、思考题

（1）写出本实验的聚合反应式。

（2）如用丙烯腈代替苯乙烯，你设想实验应如何进行？需注意些什么？

实验九 由齐格勒-纳塔催化剂制备聚乙烯和聚丙烯

一、目的要求

（1）了解烯烃络合负离子催化聚合的原理。

（2）掌握 Ziegler-Natta（齐格勒-纳塔）催化剂制备及催化乙烯和聚丙烯聚合的方法。

二、原 理

乙烯可以在高压下经自由基聚合生成高分子量聚乙烯，而丙烯和 1-丁烯等烯丙基单体则不能以自由基聚合的方式生成高聚物，这是由于烯丙基单体在自由基聚合中发生严重的降解性链转移（退化链转移），生成活性很低的烯丙基自由基。但是，Ziegler-Natta 催化剂不仅可以使这类单体聚合得到高分子量产物，而且还可以产生有高度立构规整性的产物。在 Ziegler-Natta 催化剂作用下，丙烯可以聚合成高分子量的全同立构聚丙烯，1-丁烯可以生成全同立构的高分子量聚 1-丁烯等。对乙烯来说，其聚合物虽无规整度可言，但用 Ziegler-Natta 催化剂制得的聚乙烯分子支链少。聚合物有较高的结晶度和密度，熔点也较高，而且聚合过程不需用高压，因此这种聚乙烯被称为低压高密度聚乙烯，与自由基聚合所得的高压低密度聚乙烯相区别。

典型的 Ziegler-Natta 催化剂含有周期表第 I 至第Ⅲ族金属（如 Al）的烷基化物或氢化物（最常用的有三乙基铝、三异丁基铝和一氯二乙基铝等）和过渡金属盐（如三氯化钛、四氯化钛等），由于它们在催化烯类单体聚合时是通过与单体及生长链形成配合物而发生作用的，又被称为配合催化剂。一个典型的配合催化剂的例子是由三异丁基铝和四氯化钛组成的配合物，该催化体系可以引发乙烯聚合生成高分子量高密度聚乙烯. 一般认为，含钛催化剂的有效成分是三价的钛，比如，四氯化钛与三异丁基铝经过如下反应生成三价钛：

$$TiCl_4 + (i\text{—}C_4H_9)_3Al \longrightarrow i\text{—}C_4H_9TiCl_3 + (i\text{—}C_4H_9)_3AlCl$$

$$i\text{—}C_4H_9TiCl_3 \longrightarrow TiCl_3 + i\text{—}C_4H_9\cdot$$

……

生成的 $TiCl_3$ 与三异丁基铝配合形成高活性的乙烯聚合催化剂。

值得注意的是，经上述反应产生的 $TiCl_3$，其晶体为β-型。若以含β-$TiCl_3$ 的催化剂引发丙烯和 1-丁烯等α-烯烃的聚合，产物分子将缺乏立构规整性。为制备具有全同立构型的聚α-烯烃，所用的 $TiCl_3$ 应具有α、γ、δ-晶型。将β-$TiCl_3$ 经过长时间的研磨可以转变为其他晶型，但适合于学生实验室的一个最方便的方法是将上述络合催化剂体系加热处理。比如在 185 °C 使 $TiCl_4(i\text{-}C_4H_9)_3Al$ 配合物加热 40 min，可以使催化体系中产生的β-$TiCl_3$ 转变为γ-$TiCl_3$，从而可以催化丙烯的全同立构聚合：

$$\beta — TiCl_3 \xrightarrow[40\ min]{185\ ^\circ C} \gamma — TiCl_3$$

三氯化钛是紫色的，而β-$TiCl_3$为棕色，根据颜色的变化可以判断γ-$TiCl_3$的生成。

本实验以 $TiCl_4$-$(i\text{-}C_4H_9)_3Al$ 为催化体系进行乙烯的低压聚合或丙烯的全同立构聚合。

三、试剂和仪器

（1）甲苯（无水），三异丁基铝（10%）溶液（或一氯二乙基铝溶液），$TiCl_4$，乙烯气（钢瓶装），氮气，甲醇，乙醇。搅拌器，三口瓶，注射器，冰水浴，安全操作箱。

（2）十氢萘（无水），三异丁基铝（10%）溶液（或一氯二乙基铝溶液），$TiCl_4$，丙烯气（钢瓶装），氮气，甲醇，乙醇。搅拌器，三口瓶，注射器，硅油浴，安全操作箱。

四、实验步骤

1）聚乙烯的制备

充分干燥本实验所用仪器，包括一个 500 mL 三口瓶、磨口瓶塞、接头、气体导管、量筒、注射器及针头等。

用氮气置换三口瓶内空气，然后塞好塞子（若用电磁搅拌，则瓶内应放有磁子）。

在充满氮气的安全操作箱内进行如下操作（操作箱内应放有一切需用之物，包括经上述操作后的三口瓶、量筒、注射器，干燥甲苯、三异丁基铝和四氯化钛等）：往三口瓶内加入 300 mL 甲苯、18 mL 的 10%三异丁基铝（0.008 mo1）、0.5 mL $TiCl_4$ （0.005 mol）；塞好塞子，瓶内混合物应呈棕黑色；将三口瓶由操作箱内取出。

将三口瓶安置在电磁搅拌器上，三口瓶应用冰水浴冷却。

将乙烯由钢瓶通过安全装置鼓泡通入三口瓶内（导气管应通入溶液中，但应不妨碍搅拌。制导气管时不要将玻璃管拉细成滴管状，以防催化剂及聚合物将导气管堵死）。排气管末端应装有石蜡油检气装置和干燥管，以便观察尾气大小并防止湿气进入反应系统。

实验者可根据情况决定聚合时间，一般应进行 2 h 左右。关掉乙烯气，往瓶中加入 20 mL 甲醇（或乙醇）。滤出聚合物，用乙醇将聚合物洗至白色。

干燥聚合物，称量，计算产量和催化剂效率（以每小时每克钛所获聚合物量计）。

2）聚丙烯的制备

充分干燥本实验所用仪器，包括一个 500 mL 三口瓶、一支回流冷凝器、磨口瓶塞、接头、气体导管、量筒、注射器等。

用氮气置换三口瓶内空气，然后塞好塞子（若用电磁搅拌，则瓶内应放有磁子）。

在充满氮气的安全操作箱内进行如下操作（箱内应放有一切需用之物，包括上述操作后干燥好的三口瓶、量筒、注射器、干燥的十氢萘、三异丁基铝溶液和四氯化钛等）：往三口瓶内加入 300 mL 十氢萘，18 mL 的 10%三异丁基铝（0.008 mo1）和 15 mL$TiCl_4$（0.005 mo1）；塞好塞子，瓶内混合物应呈棕色；由操作箱内取出三口瓶。

将三口瓶装置在电磁搅拌器上，三口瓶应置于一可控温的硅油浴中。

在通氮的情况下装好回流冷凝器和气体导管，出气导管末端装有石蜡油尾气的检气装置和干燥管。

加热使油浴温度保持在 185 °C，维持 40 min 使催化剂熟化。此期间催化剂应逐渐由棕色转变为紫色。

撤去油浴使反应液冷至室温。将氮气改为丙烯气通入反应液中（参阅实验八的通乙烯气操作）。

聚合进行 2 h 后结束反应。关掉丙烯气，往瓶中加入 20 mL 甲醇（或乙醇）。滤出聚合物，产物用乙醇洗净、烘干、称量，计算产量和催化剂效率（以每小时每克钛所获聚合物量计）。

五、说　明

（1）本实验最好采用电磁搅拌器，若无，也可用搅拌马达，但实验操作应作相应改变，比如应先装置好仪器后再配制催化剂体系，此时因不能用安全箱，所以加料都应在通氮气的情况下进行，要十分注意安全。三异丁基铝的转移尤其要在氮气保护下进行。

（2）可根据条件选做上述两个实验中的一个，也可做共聚合实验。

（3）若在丙烯聚合的催化剂体系中加入二正丁基醚或二异戊醚等成分，可在较低温度下（如 65 °C）将β-$TiCl_3$，转变为γ-型或δ-型 $TiCl_3$ 。

六、思考题

（1）在用配合催化剂制备聚烯烃时，如何控制产物分子量？

（2）聚丙烯的规整度受哪些因素所左右？

（3）如何用低压法制备低密度聚乙烯？

（4）哪些重要的工业产品是用 Ziegler-Natta 催化剂合成的？

实验十　环醚的开环聚合

一、目的要求

（1）加深对环醚开环聚合原理的理解。

（2）掌握环醚开环聚合方法。

二、原　理

环状单体的开环聚合是除了链式聚合与逐步聚合以外的又一个重要的聚合反应类型。开环聚合兼有链式聚合与逐步聚合的某些特性，比如，开环聚合过程常常包含有链引发、链增长和链终止几个阶段，而且分子链的生长是由单体分子或者活化了的单体分子一个一个地加到生长着的分子链末端的。这种情形与链式反应十分类似。但是，开环聚合中分子量的增长又往往是逐步的。分子量随转化率或单体反应程度的增加而增大，这又很类似于逐步聚合。此外，开环聚合有双键向单键的转变，因此除了少数几个大张力环单体，环状单体的开环聚合热效应比较小。开环聚合产物在结构上与缩聚高分子很一致，但聚合过程中却没有低分子副产物生成。

能够发生开环聚合的单体很多，主要有环醚类、环缩醛类、环内酯、环内酰胺、环硅氧烷、环状磷氮化合物、环亚胺、环硫醚等，限于篇幅，本实验只简述一下环醚以及三聚甲醛的开环聚合。

重要的环醚类单体有环氧乙烷、环氧丙浣、环氧氯丙烷、3,3-双氯甲基环氧杂丁烷以及四氢呋喃等。氧杂环己烷的开环聚合至今尚无成功的报道。由于环醚中自会有强电负性的氧原子，环醚单体的开环聚合一般都是以正离子的形式实现的，只有环氧乙烷等氧杂三元环单体才可以进行负离子开环聚合，这是因为这类小环所受的张力很大，具有很高的聚合活性。环氧乙烷甚至还可以进行自由基开环聚合，但所得产物分子量很小。

环醚类单体正离子开环聚合的催化剂大致可以分为①质子酸，如 H_2SO_4、$HClO_4$ 等，②Lewis 酸，③碳正离子，④氧正离子等几种。需要指出的是，由于四氢呋喃活性较低，一般质子酸不能引发它的聚合。只有用发烟硫酸或高氯酸等才能获得分子量 1 000 以上产物，用 Lewis 酸为催化剂可以获得分子量为数十万的聚四氢呋喃。

质子酸引发环醚聚合的过程一般认为是先形成质子化的二级氧正离子，再与单体反应生成三级氧正离子：

$$H^{\oplus}A^{\ominus} + \mathrm{O}\langle\rangle\mathrm{CR_2} \longrightarrow \mathrm{H{-}}\overset{\oplus}{\mathrm{O}}\langle\rangle\mathrm{CR_2}\ (A^{\ominus})$$

$$\mathrm{H{-}}\overset{\oplus}{\mathrm{O}}\langle\rangle\mathrm{CR_2}\ (A^{\ominus}) + \mathrm{O}\langle\rangle\mathrm{CR_2} \longrightarrow \mathrm{HO{-}CH_2CR_2CH_2{-}}\overset{\oplus}{\mathrm{O}}\langle\rangle\mathrm{CR_2}\ (A^{\ominus})$$

由于质子酸酸根的亲核性较强而且氧正离子容易发生链转移，质子酸引发环醚聚合不易得到高分子量产物。

以 Lewis 酸为引发剂时，一般要求有共催化剂存在。若以水为共催化剂，水与 Lewis 酸（比如 BF_3）反应可生成有引发活性的离子复合物：

$$H_2O + BF_3 \longrightarrow H^+B^-F_3(OH)$$

这种离子复合物引发环醚聚合的过程与用质子酸的场合相似，但反离子的亲核能力较强。适当使用共催化剂可提高聚合速度，但用量太多则会破坏催化剂 Lewis 酸，并使聚合物分子量下降。

对于四氢呋喃这种活性较低的环醚单体，增加聚合速度的一个十分有效的途径是使用活性较大的环醚单体为促进剂，使用促进剂可大大提高引发速度，从而加速聚合过程。最常用的促进剂有环氧氯丙烷等。

三聚甲醛可以进行正离子或负离子开环聚合，但最常用的方法是正离子聚合。最常用的正离子聚合催化剂有 BF_3 等 Lewis 酸。三聚甲醛的正离子聚合过程与环醚的开环聚合有明显区别。最重要的区别是单体引发剂产生的氧正离子可以转变为碳正离子，其推动力在于碳正离的稳定性较高。比如

$$\text{(cyclic trioxane)}\overset{\oplus}{O}(H)\overset{\ominus}{B}F_3(OH) \longrightarrow HO-CH_2-O-CH_2-\ddot{O}-\overset{\oplus}{C}H_2\overset{\ominus}{B}F_3(OH)$$

$$\rightleftharpoons HO-CH_2-O-CH_2-\overset{\oplus}{O}=CH_2 \quad \overset{\ominus}{B}F_3(OH)$$

因此，三聚甲醛的正离子聚合可能是通过碳正离子实现的。

三聚甲醛聚合的另一个特点，是诱导期较长，其原因被认为是体系中存在如下平衡：

$$\sim O-CH_2-O-CH_2-O\overset{\oplus}{C}H_2 \rightleftharpoons \sim OCH_2-O-\overset{\oplus}{C}H_2-\overset{O}{\overset{\|}{C}}H$$

当体系中 $CH_2{=}O$ 达到其平衡浓度后聚合才能开始。若在反应体系中预先加进一些 $CH_2{=}O$，诱导期可以缩短或者消除。根据这一现象，也有人认为三聚甲醛的开环聚合是通过体系中产生的 $CH_2{=}O$ 而实现的。

三、试剂和仪器

（1）三聚甲醛，二氯乙烷，三氟化硼乙醚络合物，丙酮，圆底烧瓶，注射器，翻口橡皮塞，水浴。

（2）环氧丙烷，二氯乙烷，三氟化硼乙醚络合物，1, 4-丁二醇，氮气，搅拌器，温度计，回流冷凝管，滴液漏斗，三口瓶，注射器，冰盐浴。

（3）四氢呋喃，环氧氯丙烷，三氟化硼乙醚配合物，盐酸，甲醇，试管，翻口塞，注射器，冰水浴。

（4）四氢呋喃，高氯酸钠（或高氯酸），发烟硫酸（21%），Na_2CO_3，乙醚，NaCl，三口瓶，温度计，滴液漏斗，翻口塞，结晶皿，搅拌器，分液漏斗。

四、实验步骤

1）三聚甲醛的开环聚合

在干燥的圆底烧瓶中加入 45 g（0.5 mo1）无水三聚甲醛及 105 g 二氯乙烷，用翻口塞塞好。用注射器经橡皮塞注入溶有 35 mL（0.25 mmo1）$BF_3 \cdot O(C_2H_5)_2$的 3.5 mL 二氯乙烷。一边激烈摇荡一边注入引发剂，将反应瓶放入 45 °C 水浴中，数分钟后应有聚甲醛沉淀生成。如过 15 min 后仍无沉淀出现，可能是体系不纯所致，可补加少量引发剂，并记录补加的引发剂量。整个反应体系约十几分钟凝固。反应 1 h 后加入丙酮调成糊状，用玻璃砂漏斗抽干，再用丙酮将聚合物洗几次，抽干。将聚合物放入真空烘箱中于 50 °C 干燥，称量计算收率。

2）环氧丙烷的开环聚合

在装有搅拌器、温度计、回流冷凝管、滴液漏斗以及氮气导管的 100 mL 三口瓶中放入 20 g 干燥的二氯乙烷，1 g 1,4-丁二醇。通高纯氮 10 min 后在高纯氮气保护下，用注射器注入 8 ~ 10 滴（60 ~ 70 mg）三氟化硼乙醚配合物，用冰盐浴冷却反应瓶，在充分搅拌下慢慢由滴液漏斗滴入干燥的环氧丙烷 28 g（0.48 mo1），仔细观察瓶内温度，维持瓶温不高于 5 °C。滴加完毕后，继续搅拌到反应温度不再上升，再搅拌 1 h。加入 30 mL 水终止反应。用水将产物洗至中性，减压蒸馏除去未反应的单体和溶剂等直至瓶内温度达到 120 °C 左右，可得黏稠聚醚约 10 ~ 12 g。

3）BF_3引发的四氢呋喃开环聚合

往一支 20 mm×150 mm 干燥试管中加入 10 mL 四氢呋喃，塞上翻口塞。用注射器加入约 25 mg 环氧氯丙烷（用小号注射器针头加入 2 ~ 3 滴即可）。用冰水浴将试管冷却 10 min 后用注射器加入约 170 mg（约 20 滴）三氟化硼乙醚，摇匀后将试管放入冰水中，并不时摇动，观察溶液黏度变化，半小时后溶液变稠，并继续慢慢增加稠度，将试管放入 0 °C 冰箱中放置 10 ~ 16 h，去掉翻口塞，加几滴含有盐酸的甲醇-水混合物使聚合终止，将聚合物转移至 100 mL 烧杯中，用甲醇洗两次（每次用 50 mL），吸滤，室温下将产品抽干，得白色蜡状聚四氢呋喃。

4）高氯酸钠-发烟硫酸引发的四氢呋喃开环聚合

在一支 50 mL 三口瓶上装上温度计、滴液漏斗。第三个口装上翻口塞，瓶内放有搅拌磁子一颗。将反应瓶固定在冰盐浴内，冰盐浴放于电磁搅拌器上。维持瓶内温度在 0 ~ 5 °C，将 20 mL 四氢呋喃加入瓶中，再加入 0.5 g 高氯酸钠。待温度下降至 0 °C 以下后，开动搅拌，从滴液漏斗慢慢滴入浓度为 21%的发烟硫酸 2.1 mL，滴加速度以保持反应温度不超过 0 °C 为宜，10 min 内滴完。继续搅拌 0.5 ~ 1 h，反应物逐渐变黏稠，至搅不动时加水 40 mL 使反应终止。

将三口瓶改成蒸馏装置，馏出未反应的单体。内温达到 100 °C 后继续加热 1 h，使产物端基水解为羟基。趁热将聚合物转入分液漏斗中，分去下层水后用 5% Na_2CO_3 溶液中和产品。加入 30 mL 乙醚使聚四氢呋喃溶解，用饱和食盐水（或 10% Na_2SO_4 溶液）洗过，再水洗 2 ~ 3 遍后将聚合物乙醚溶液放入蒸馏瓶中，减压下先抽掉乙醚，然后在 120 °C 下真空脱水后得半固体状聚四氢呋喃，产率约 80%。

五、说明及注意事项

（1）三聚甲醛可用 CaH_2 脱水。在三聚甲醛中加入 5%（质量分数）的 CaH_2，回流 20 h，再经分馏即可。三聚甲醛熔点 64 °C，沸点 115 °C。

（2）二氯乙烷应在五氧化二磷存在下回流脱水，然后蒸出。

（3）四氢呋喃可用金属钠干燥，然后蒸馏备用，也可以用 CaH_2 脱水。蒸馏时收集 65 ~ 66.5 °C 馏分。

（4）环氧丙烷沸点很低（33.9 °C），处理时应十分小心。

（5）发烟硫酸的浓度可用比重计测定，21%发烟硫酸的比重为 0.92（25 °C），23%的发烟硫酸的比重为 0.93（25 °C），发烟硫酸的浓度可用浓硫酸调节。

（6）盛发烟硫酸的滴液漏斗，其活塞不能涂凡士林，否则凡士林将会炭化。可涂少量硅油，也可不涂润滑剂。

（7）只用发烟硫酸也可引发四氢呋喃聚合，但速度较慢。

六、思考题

（1）有的四氢呋喃在加发烟硫酸或浓硫酸时会发黑，你估计可能是什么原因引起的？用什么方法可以检查四氧呋喃的纯度？

（2）工业上用什么方法提高聚甲醛的稳定性？

（3）简单讨论开环聚合在工业上的重要性。

实验十一　尼龙-6,6 和尼龙-6 的制备

一、目的要求

（1）掌握尼龙-6,6 和尼龙-6 的制备方法。

（2）了解双功能基单体缩聚和开环聚合的特点。

二、原　理

双功能单体 a-A-a、b-B-b 缩聚生成的高聚物的分子量主要受三方面因素的影响，一是 a-A-a、b-B-b 的摩尔比，其定量关系式可表示为

$$\overline{DP}=\frac{100}{q}$$

式中，DP 为缩聚物的平均聚合度；q 为 a-A-a（或 b-B-b）过量的摩尔分数。二是 a-A-a、b-B-b 反应的程度。若两单体是等物质的量，此时反应程度 P 与缩聚物分子量的关系为

$$X_{\mathrm{n}}=\frac{1}{1-P}$$

式中，X_{n} 为以结构单元为基准的数均聚合度；P 为反应程度即功能基反应的百分数。

第三个影响因素是缩聚反应本身的平衡常数。若 a-A-a、b-B-b 是等物质的量，生成的高聚物分子量与 a-A-a、b-B-b 反应的平衡常数 K 的关系为

$$X_{\mathrm{n}}=\sqrt{\frac{K}{[\mathrm{ab}]}}$$

[ab]为缩聚体系中残留的小分子（如 H_2O）的浓度。K 越大，体系中小分子[ab]越小，越有利于生成高分子量缩聚物。己二酸与己二胺在 260 °C 时的平衡常数为 305，是比较大的，所以即使产生的 H_2O 不排除，甚至外加一部分水存在时，亦可生成具有相当分子量的缩聚物。如体系中 H_2O 的浓度假定为 3 mol/L，代入上式，缩聚物的 X_{n} 约 10，这能制备高分子量尼龙-6,6。由于二胺在缩聚温度 260 °C 时易升华损失，以至很难控制配料比，所以实际上是先将己二酸与二胺制得 6,6-盐，它是一个白色晶体，熔点 196 °C，易于纯化。用纯化的 6,6-盐直接进行缩聚，配料时的摩尔比是解决了，但由于 6,6-盐中的己二胺在 260 °C 高温下仍能升华（与单体己二胺比，当然要小得多）。故缩聚过程中的配料比还会改变，从而影响分子量，甚至得不到高分子量产物。为了解决这一问题，利用己二酸与己二胺反应平衡常数 K 值大的优点，可以先不产出 H_2O，在无 O_2 的封闭体系（二胺不会损失）中预缩聚，生成聚合度较低的缩聚物，再于敞口体系高温下（260 °C）除去 H_2O（这时二胺已成低聚物，不再升华）使平衡向形成

高聚物的方向移动，得到高分子量尼龙-6,6，这就是工业上生产尼龙-6,6 的方法。

本实验鉴于实验条件，不采用封闭体系，而采用降低缩聚温度（200 ~ 210 °C）以减少二胺损失的办法进行预缩聚，一定时间（一般 1 ~ 2 h）后，再将缩聚温度提高到 260 °C 或 270 °C。这种办法，不能完全排除己二胺升华的损失，所以得到的分子量不可能很大，不易达到拉丝成纤的程度。

己二酸、己二胺生成 6,6-盐，及其再缩聚成尼龙-6,6 的反应式可表示为

$$\underset{\text{己二酸}}{HOOC \left(CH_2 \right)_4 COOH} + \underset{\text{己二胺}}{H_2N \left(CH_2 \right)_6 NH_2}$$

$$\xrightarrow{\text{乙醇}} \underset{6,6\text{-盐}}{\left[H_3N \left(CH_2 \right)_6 NH_3 \right]\left[OOC \left(CH_2 \right)_4 CO\bar{O} \right]}$$

$$n\left[H_3\overset{+}{N} \left(CH_2 \right)_6 \overset{+}{N}H_3 \right]\left[OOC \left(CH_2 \right)_4 CO\bar{O} \right]$$

$$\longrightarrow \left[HN - CH_2 - NHCO - CH_2 - CO \right]_n + (2n-1)H_2O$$

$$\underset{(CH_2)_5 - NH}{\overset{\overset{O}{\|}}{C}} + \sim COOH \rightleftharpoons \underset{(CH_2)_5 - \overset{+}{N}H_2}{\overset{\overset{O}{\|}}{C}} + \sim COO^-$$

尼龙-6 的单体是己内酰胺，就聚合物的分子量而言，不存在摩尔比和单体升华损失的问题，所以一开始即可在高温下缩聚。

己内酰胺的开环聚合可以在水或氨基酸存在下进行。加 5% ~ 10%的 H_2O，在 250 ~ 270 °C 下开环缩聚是工业上制备尼龙-6 的方法，对机理的认识还没有完全一致，但倾向性的看法为水使部分己内酰胺开环水解成氨基己酸。一些内酰胺分子从氨基己酸的羧基取得 H^+，形成质子化己内酰胺，从而有利于氨端基的亲核攻击而开环。反应可表示为

$$\underset{(CH_2)_5 - NH}{\overset{\overset{O}{\|}}{C}} + \sim NH_2 \rightleftharpoons \sim NHCO(CH_2)_5\overset{+}{N}H_3$$

随后是$\sim\overset{+}{N}H_3$上的 H^+ 转移给己内酰胺分子，再形成质子化己内酰胺：

$$\underset{(CH_2)_5 - NH}{\overset{\overset{O}{\|}}{C}} + \sim NHCO(CH_2)_5\overset{+}{N}H_3 \rightleftharpoons \sim NHCO(CH_2)_5NH_3 + \underset{(CH_2)_5 - \overset{+}{N}H}{\overset{\overset{O}{\|}}{C}}$$

重复以上过程，分子量不断增加，最后形成高分子量聚己内酰胺即尼龙-6。

三、试剂和仪器

试剂：己二酸，己二胺，己内酰胺，无水乙醇，氨基己酸，高纯氮，硝酸钾，亚硝酸钠。

仪器：带侧管的试管，600 W 电炉，石棉，360 °C 温度计，烧杯，锥形瓶。

四、实验步骤

1）尼龙-6,6 的制备

（1）己二酸己二胺盐（6,6-盐）的制备。250 mL 锥形瓶中加 7.3 g（0.05 mo1）己二酸及 50 mL 无水乙醇，在水浴上温热溶解。另取一锥形瓶，加 5.9 g 己二胺（0.0051 mo1）及 60 mL 无水乙醇，亦于水浴上温热溶解。稍冷后，将二胺溶液搅拌下慢慢倒入二酸溶液中，反应放热，并观察到有白色沉淀产生。经冷水冷却后过滤，漏斗中的 6,6-盐结晶用少量无水乙醇洗 2～3 次，每次用乙醇 4～6 mL（洗时减压应放空并关水泵）。将 6,6-盐转入培养皿中于 40～60 °C 真空烘箱干燥，得白色 6,6-盐结晶 12～13 g，熔点约 196 °C。

若结晶带色，可用乙醇和水（体积比 3∶1）的混合溶剂重结晶或加活性炭脱色。

（2）6, 6-盐缩聚。取一带侧管的 20 mm×150 mm 试管作为缩聚管，加 3 g 的 6,6-盐，用玻璃棒尽量压至试管底部。缩聚管侧口作为氮气出口，连一橡皮管通入 H_2O 中（见图 1-6）。通氮气 5 min，排除管内空气，将缩聚管架入 200～210 °C 融盐浴（小心！别打翻盐浴），融盐浴制备如下：取 250 mL 干净烧杯，检查无裂纹；加 130 g 硝酸钾和 130 g 亚硝酸钠，搅匀后于 600 W 电炉（隔一石棉网）加热至所需温度。

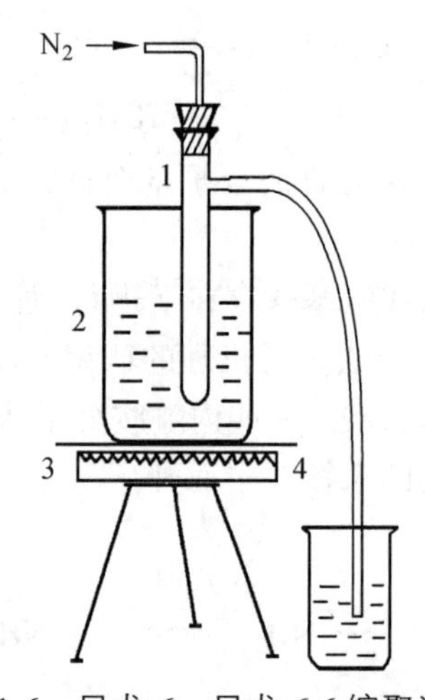

图 1-6　尼龙-6、尼龙-6,6 缩聚装置

1—缩聚管；2—熔融盐浴；3—石棉网；4—电炉；5—橡皮管

试管架入融盐浴后，6,6-盐开始熔融，并看到有气泡上升，将氮气流尽量调小，约一秒钟一个气泡，在加 200～210 °C 预缩聚 2 h 其间不要打开塞子，2 h 后，将融盐温度逐渐升至 260～270 °C，再缩聚 2 h 后，打开塞子，用一玻璃棒蘸取少量缩聚物，试验是否能拉丝。若能拉丝，表明分子量已很大，可以成纤；若不能拉丝，取出试管，待冷却后破之，得白色至土黄色韧性固体，熔点 265 °C，可溶于甲酸、间甲苯酚。若性脆，一打即碎，表明缩聚进行得不好，分子量很小。

2）尼龙-6 的制备

取 3 g 的ε-己内酰胺、150 mg 氨基己酸，研磨均匀后放入缩聚管（同聚酰胺-6,6），用玻璃棒尽量压紧，通高纯氮气 5 min 后架入熔融盐浴（小心!不要打翻）。融盐由硝酸钾-亚硝酸钠（质量比 1∶1）配置，高温下有很强的氧化性，与有机化合物反应激烈，所以不可弄破缩聚管。缩聚温度维持约 270 °C。

缩聚管放入融盐浴后，管内已内酰胺即融化，且有气泡上升。调小氮气流至一秒钟 1 ~ 2 个气泡，在 270 °C 左右缩聚 2 h，其间不要打开塞子。随缩聚进行，管内缩聚物明显变稠，由无色透明，逐渐变混浊。2 h 后，打开塞子，用玻璃棒蘸取熔融缩聚物少许，迅速拉出，可拉数米乃至十余米长丝，表明分子量已足够大。拉出之丝在室温下进行第二次拉伸，可伸长至其原长度数倍而不断，且明显观察到拉伸时所呈现的“颈部”现象。

五、说　明

（1）融盐浴温度很高，但由于不冒气，表现似乎不热，使用时务必小心。温度计一定要固定在铁架上，不可直接斜放在融盐中。实验结束后，停止加热，戴上手套。趁热将融盐倒入回收铁盘或旧的搪瓷盘。待冷后，洗净烧杯。融盐遇冷，结成白色硬块，性脆，碎后保存在干燥器中，下次实验时再用。

（2）6,6-盐缩聚时仍有少量己二胺升华。在接氮气出口管至水中加几滴酚酞，水将变红，表面确有少量胺带出。氮气维持一个无氧的气氛，宜通慢不宜通快（最初赶出体系中空气除外），通快了带出的二胺量增加，分子量更上不去。

（3）氮气的纯度在本实验中至关重要，不能用普通的纯氮气，必须用高纯氮气（氧含量 $<5\times10^{-6}$）。以己内酰胺开环聚合为例，若用普通氮气，体系变成褐色并得不到高黏度产物；而用高纯氮气，体系始终无色，且能拉出长丝。

（4）如果没有高纯氮气，按以下方法可将普通氮气中的 O_2 含量下降至 2×10^{-5} 以下：将普通氮气通过 30%焦性没食子酸的 NaOH 溶液（10%水溶液）吸收 O_2，再通过浓 H_2SO_4、$CaCl_2$ 等干燥后，经过加热至 200 ~ 300 °C 的活性铜柱进一步吸氧，所得氮气可以满足本实验的要求。

六、思考题

（1）将 6, 6-盐在密封体系 220 °C 进行预缩聚，实验室中所遇到的主要困难是什么？工业上如何解决？

（2）通氮气的目的是什么？本实验中 N_2 纯度为何影响特别大？

实验十二　双酚 A 型环氧树脂的制备

一、目的要求

（1）了解环氧树脂的制备原理和方法。

（2）掌握环氧值的测定方法。

二、原　理

环氧树脂是指那些分子中至少含有两个反应性环氧基团的树脂化合物。环氧树脂经固化后有许多突出的优异性能，如对各种材料特别是对金属的黏着力很强，有卓越的耐化学性，力学强度很高，电绝缘性好，耐腐蚀等。此外，环氧树脂可以在相当宽的温度范围内固化，而且固化时体积收缩很小。环氧树脂的上述优异特性使它有着许多非常重要的用途，广泛用于黏合剂（万能胶），涂料、复合材料等方面。

双酚 A 型环氧树脂是环氧树脂中产量最大、使用最广的一个品种，它是由双酚 A 和环氧氯丙烷在氢氧化钠存在下反应生成的：

$$(n+2)CH_2—CH—CH_2Cl + (n+1)HO—C_6H_4—C(CH_3)_2—C_6H_4—OH \xrightarrow{(n+2)NaOH}$$

$$\underset{\diagdown O \diagup}{CH_2—CH}—CH_2—O\left[—C_6H_4—C(CH_3)_2—C_6H_4—O—CH_2—\underset{OH}{CH}—CH_2—\right]_n$$

$$—O—C_6H_4—C(CH_3)_2—C_6H_4—O—\underset{\diagdown O \diagup}{CH_2—CH}—CH_2 + (n+2)NaCl + (n+2)H_2O$$

式中，n 一般为 0 ~ 25。根据分子量大小，环氧树脂可以分成各种型号。一般低分子量环氧树脂的 n 平均值小于 2，也称为软环氧树脂；中等分子量环氧树脂的 n 值为 2 ~ 5；而大于 5 的树脂称为高分子量树脂。在我国分子量为 370 的产品被称为环氧 618，而环氧 6101 的分子量为 450 ~ 599。生产上树脂分子量的大小往往是靠环氧氯丙烷与双酚 A 的用量比来控制的，制备环氧 618 时这一配比为 10，而制环氧 6101 时该配比为 3。

环氧树脂在固化前分子量都不高，只有通过固化才能形成体形高分子。环氧树脂的固化要借力于固化剂。固化剂的种类很多，主要有多元胺和多元酸，它们的分子中都含有活泼氢原子，其中用得最多的是液态多元硫醇，以达到快速固化的效果。固化剂的选择与环氧树脂的固化温度有关。在通常温度下固化一般用多元酰胺等，而在较高温度下一般选用酸酐和多元酸等为固化剂。固化剂的用量通常由树脂的环氧值以及固化剂的种类来决定。环氧值是指每 100 g 树脂中所含环氧基的当量数，应当把树脂的环氧值和环氧当量区别开来，两者关系如下：

$$\text{环氧值} = \frac{100}{\text{环氧当量}}$$

环氧当量即为含一当量环氧基的树脂的质量，g。

本实验制备环氧 618 或 6101，三乙胺为固化剂。三乙胺分子中没有活泼氢原子，它的作用是将环氧键打开，生成氧负离子，氧负离子再打开另一个环氧键，如此反应下去，达到交联固化的目的。

三、试剂和仪器

试剂：双酚 A，环氧氯丙烷，NaOH，三乙胺，铝粉，铝片。
仪器：三口瓶，回流冷凝管，温度计，甘油浴，烧杯，搅拌器，螺丝夹。

四、实验步骤

1）双酚 A 环氧树脂的制备

在 500 mL 三口瓶上装好搅拌器、回流冷凝管和温度计。加入 22.8 g（0.1 mol）双酚 A、92.5 g（1.0 mol）环氧氯丙烷、0.5 ~ 1 mL 蒸馏水。称取 8.2 g（0.21 mol）NaOH，先加入 NaOH 量的 1/5 并开动搅拌，加热至 90 ~ 95 °C。反应放热并有白色物质（NaCl）生成。维持反应温度在 95 °C。约 10 min 后再加入 1/5 的 NaOH，以后每隔 10 min 加一次 NaOH，每次都加 NaOH 总量的 1/5，直至将 8.2 g 的 NaOH 加完。再反应 15 min 后结束反应。产物为浅黄色。将反应液过滤除去副产物 NaCl，滤液在 13.3 kPa 左右蒸馏除去过量的环氧氯丙烷（回收），然后将压力降到约 4 kPa 继续蒸馏至瓶内温度达到 150 ~ 170 °C。停止蒸馏，将蒸余物趁热倒入小烧杯中，得到淡黄色、透明、黏稠的环氧 618 树脂，产量约 30 ~ 35 g。

2）环氧树脂的固化

在 50 mL 小烧杯内放入上述环氧 618 树脂 5 g，再加入 0.5 g（树脂的 10%）三乙胺，搅匀。取出 2.5 g 树脂倒入一干燥的小试管或其他小容器（如瓶子的内盖）中，在室温下放置一昼夜，观察结果。

3）用环氧树脂黏合铝片

将 2 ~ 3 mm 厚的铝片剪成宽 4.3 cm 的铝条 10 根，用 70 °C 左右的洗液处理 10 ~ 15 min，洗净烘干。

在剩下的 2.5 g 树脂中加入 1 g 铝粉，搅匀制成黏合剂。用一玻璃棒将配好的黏合剂均匀涂于铝条一端，面积约 1 cm^2。涂层约 0.2 mm 厚，不宜过厚。将另一铝条轻轻贴上，用螺丝夹小心固定，于室温放置一周后测剪切强度。

五、说　明

（1）用过的三口瓶可先用少量甲苯刷洗，再用少量丙酮洗过，最后用水洗净。

（2）下面介绍几种常用的环氧树脂黏合剂的配方和它们的固化条件。

配方 1　环氧 618（又称 E-51）树脂 100 份。邻苯二甲酸二丁酯 20 份，Al_2O_3（300 目）100 份，乙二胺 8 份。固化条件 48 h/25 °C 或 2 ~ 3 h/80 °C，黏结铝可达到 180 kg/cm^2 的室温剪切强度。

配方 2　环氧 618 树脂 100 份，低分子量聚酰胺 100 份，石英粉（200 目）40 份。固化条件，室温下 3 天，80 °C 下 3 h，黏结铝可达到 25 MPa 的室温剪切强度。

配方 3　环氧 618 树脂 100 份。双氰胺 6 份，石英粉（200 目）40 份。固化条件 150 °C 下 4 h（或 180 °C 下 2 h）。黏结铝的剪切强度可达到 20 MPa 以上。

配方 3 中所用双氰胺是高温固化剂，所以配方 3 在室温下可保存 6 个月不固化。双氰胺因此又被称为“潜伏”型固化剂。

（3）环氧值的测定。

取两个 125 mL 碘量瓶，在分析天平上各称入 1 g 左右环氧树脂，用移液管加入 25 mL 盐酸丙酮溶液（将 2 mL 浓盐酸加入 80 mL 丙酮中，现配现用），加盖后摇动使树脂完全溶解。在阴凉处放置 1 h 后加入酚酞指示剂 3 滴，用标准 NaOH-乙醇溶液滴定，并按上述条件做空白滴定两次。环氧值 E 按下式计算：

$$E=\frac{(V_1-V_2)N}{1\,000W}\times\frac{(V_1-V_2)N}{10W}$$

式中，V_1 为空白滴定所消耗的 NaOH 体积，mL；V_2 为样品滴定时所消耗的 NaOH 体积，mL；W 为树脂的质量，g；N 为标准 NaOH 溶液的物质的量浓度。

NaOH-乙醇溶液的配制是将 4 g 的 NaOH 溶于 100 mL 乙醇中，然后以酚酞做指示剂，用标准邻苯二甲酸氢钾溶液标定。

六、思考题

（1）实验中 NaOH 是分步加入反应体系中的，这有什么好处？为什么不将 NaOH 一次加完？

（2）“说明”中列有三个黏合剂配方，请比较各配方的特点。

（3）写出使用二元酸、二元酸酐、多元胺、二异氰酸酯以及酚醛树脂为固化剂时环氧树脂的固化反应。

实验十三　泡沫塑料的制备

一、目的要求

（1）了解泡沫塑料的一般概念，制备聚氨酯泡沫塑料。
（2）了解各组分的作用及影响。

二、原　理

泡沫塑料，即发泡聚合物，作为绝缘材料和包装材料有着十分重要的用途。泡沫塑料有柔性，半刚性和刚性之分。作为刚性泡沫塑料，其聚合物的玻璃化温度应比材料的使用温度高很多。与此对应，作为柔性泡沫塑料，其聚合物的玻璃化温度则应比材料的使用温度低很多。根据泡沫塑料内气泡的形态，泡沫塑料有开孔与闭孔之分。闭孔泡沫塑料内的气泡是一个个独自分立的，而开孔泡沫塑料内的气泡则是互相连通的。如果材料内兼有开孔与闭孔两种气泡，该材料则可被称作混合孔型。当然，我们也可以按照泡沫塑料的原料，把它们称为聚苯乙烯泡沫塑料、聚氨酯泡沫塑料等等。

泡沫塑料的制备可以归纳为三种方法：第一种方法是所谓机械发泡法，即聚合物乳液或液体橡胶通过激烈的机械搅拌成为发泡体，而后通过化学交联的方法使泡沫结构在聚合物中固定下来。第二种方法称为物理发泡法，是先使气体或低沸点的液体溶入聚合物中（有时需加压力），而后加热使材料发泡。第三种方法是化学法，化学法发泡是将发泡剂混入聚合物或单体中，发泡剂受热分解而产生气泡，或者经过发泡剂与聚合物或单体的化学反应而产生气泡。偶氮二异丁腈受热分解放出 N_2，碳酸氢铵受热产生 NH_3、CO_2 和 H_2O，是常用的化学发泡剂。在聚氨酯泡沫塑料的制备中，也可以用水充当发泡剂，水与异氰酸酯基反应放出 CO_2 气体。

本实验制备聚氨基甲酸酯泡沫塑料，与相关的异氰酸酯反应有三个。

（1）二异氰酸酯与二元醇（或多元醇）反应生成聚氨基甲酸酯：

$$n\,O{=}C{=}N{-}R{-}N{=}C{=}O + n\,HO{-}R'{-}OH \longrightarrow \left[\overset{O}{\overset{\|}{C}}NH{-}R{-}NH{-}\overset{O}{\overset{\|}{C}}{-}O{-}R'{-}O\right]_n$$

若用三羟聚醚或蓖麻油则得到交联聚合物。蓖麻油的结构为

$$\begin{array}{l} CH_2{-}O{-}CO{-}R \\ | \\ CH{-}O{-}CO{-}R \\ | \\ CH_2{-}O{-}CO{-}R \end{array}$$

式中，

$$R= -(CH_2)_7-CH=CH-CH_2-\underset{\displaystyle OH}{\underset{|}{CH}}-(CH_2)_3-CH_3$$

（2）异氰酸酯和水反应放出 CO_2，使聚合物得以发泡。

（3）反应（2）中产生的胺基团可与体系中尚存的异氰酸酯基反应生成脲：

$$\sim NH_2 + O=C=N\sim \longrightarrow \sim NH-\overset{\displaystyle O}{\overset{\|}{C}}-NH\sim$$

生成的脲还可以进一步与异氰酸酯基反应生成二脲等。

三、试剂和仪器

试剂：

① 二氮杂双环[2，2，2]辛烷（DABCO）（或选用其他低挥发性三级胺代替），一氟三氯甲烷，甲苯二异氰酸醋，双十二碳酸二丁基锡，三羟基聚醚（分子量约 3 000）（或用其他多羟基醚代替），有机硅表面活性剂（为硅氧烷与环氧乙烷或环氧丙烷之嵌段共聚物）。

② 将①中一氟三氯甲烷以水代替，其他试剂同实验①。

③ 蓖麻油，聚乙二醇（分子量 400～600），甲苯二异氰酸酯，三乙基胺基乙醇，甘油。

仪器：氮气瓶，烘箱，电热套，烧杯，自制纸质模具。

四、实验步骤

实验 1

在一个 25 mL 烧杯中将 0.5 g DABCO 溶解在 8 mL 一氟三氯甲烷中，在另一个 250 mL 烧坏中依次加入 27 g 三羟基聚醚，21 g 甲苯二异氰酸酯和 1 滴双十二碳酸二丁基锡。完成以上操作后再往加有 DABCO 的烧杯中加入约 0.3 g（约 13 小滴）有机硅表面活性剂，然后将此溶液倒入加有甲苯二异氰酸酯等反应物的 250 mL 烧杯中并用玻璃棒迅速搅拌。当反应物变稠后将它倒入预先制好的模型容器（可用纸糊一个）中可得到白色闭孔泡沫塑料一块。

实验 2

在一个 25 mL 烧杯中将 0.1 g 的 DABCO 溶解在 5 滴水和 10 g 三羟基聚醚中。在另一个 250 mL 烧杯中依次加入 25 g 三羟基聚醚、10 g 甲苯二异氰酸酯和 5 滴双十二碳酸二丁基锡，搅匀，此时能感觉到有反应热放出。完成以上操作后再往加有 DABCO 的小烧杯中加入 0.1～0.2 g（约 1 小滴）有机硅表面活性剂，搅匀后将此溶液倒入上述加有甲苯二异氰酸酯反应物的 250 mL 烧杯中并用玻璃棒或刮勺迅速搅拌。反应物变稠后将它倒入一预先做好的 50 mm×50 mm×50 mm 的纸盒中，在室温放置 0.5 h 后再放入约 70 °C 的烘箱中烘半个小时后可得到软的白色聚氨酯泡沫塑料一块。

实验 3

往刚从烘箱中取出的干燥的 100 mL 三口瓶中加入 14 g 蓖麻油、5 g 聚乙二醇（分子量 400 ~ 600）。安好冷凝管（上连干燥管）、拌器、气导管，并缓慢通入氮气（此步实验中所用仪器均应干燥好）。在一干燥的锥形瓶中称入 18 g 甲苯二异氰酸酯，加入三口瓶中。反应进行时，温度升高，当温度开始下降时将三口瓶用电热套加热至 120 °C 并维持 1 h，冷却后得到预聚物。

室温下将预聚物倒入 400 mL 烧杯中，尽快地加入 0.6 g 二乙胺基乙醇、3 g 甘油和 3 g 聚乙二醇、0.2 g 水，并用钢刮匀剧烈搅拌约 30s，随后可观察到材料的发泡过程。

五、说　明

（1）可根据条件任选一种配方，但由蓖麻油所得材料性能稍差。

（2）异氰酸酯有毒，使用时应多加小心。

六、思考题

（1）简述泡沫塑料的种类和它们的制备方法。

（2）如何增加泡沫塑料的柔顺性？如何增加泡沫塑料的密度？

实验十四　膨胀计法测聚合反应速度

一、目的要求

（1）掌握用膨胀计法测聚合速度的方法。
（2）了解聚合速度的表示方法和相互间的换算。

二、原　理

聚合反应速度通常用每秒每升反应物有多少摩尔单体转化为聚合体，即每秒钟单体浓度变化或 100 g 单体每分钟有多少单体聚合表示。

浓度变化或转化率可以通过聚合一段时间后所产生的聚合体沉淀出来、烘干、称量来测定（质量法）或用膨胀计法来测定。本实验采用膨胀计法。其原理是，单体与聚合体密度不同，单体密度小，聚合体密度大，一般相差 15%～30%。由于聚合体密度比单体大，聚合过程中，体系体积不断收缩。由于此种体积收缩与转化率成正比，所以只要测出体积收缩，就可以根据单体、聚合体密度算出转化率。例如：单体密度为 d_m（本实验中，聚合温度为 66 °C，此时苯乙烯的密度为（0.864 g/cm^3），聚合体密度为 d_p（66 °C 时，聚苯乙烯密度为 1.040），则 66 °C 每 W（g）苯乙烯完全转化到聚苯乙烯的体积收缩ΔV为

$$\Delta V=\left(\frac{1}{0.864}-\frac{1}{1.04}\right)\cdot W$$

或一般表示为

$$\Delta V=\left(\frac{1}{d_m}-\frac{1}{d_p}\right)\cdot W$$

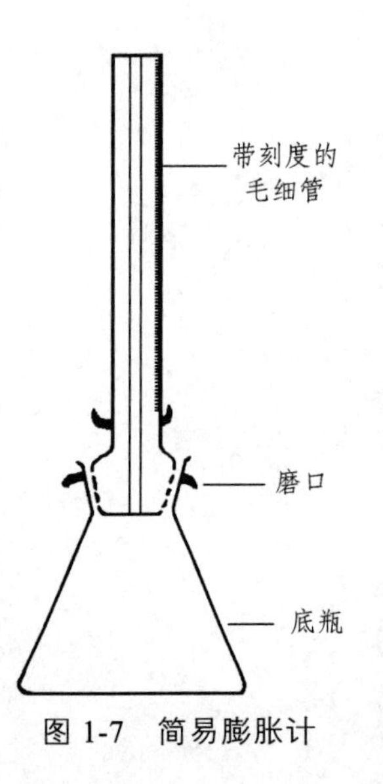

图 1-7　简易膨胀计

式中，ΔV 为 W_g 单体百分之百转化为聚合体的体积收缩，称最大体积收缩，mL。

膨胀计有很多种，有适于光聚合的直管型膨胀计，有便于装料的带活塞的膨胀计，但原理一样，都要测出聚合过程中的体积收缩。本实验采用最常用的简易膨胀计（见图 1-7）。底瓶容量约 5 mL，磨口处接一支带毫升刻度的毛细管（可用 0.2 mL 市售量液管直接吹制），以便直接读出因体积收缩引起的液柱下降的体积。

设膨胀计中装有苯乙烯 V mL（事先测定此体积），质量 W 即为 $V\cdot d$（d 为室温下苯乙烯密度，20 °C 时为 0.907 g/cm^3）。聚合至 t 时刻，测得体积收缩为ΔV_t，则 t 时的转化率为

$$转化率 = \frac{\Delta V_t}{\Delta V} \cdot 100\% = \frac{\Delta V_t}{\left(\frac{1}{0.864} - \frac{1}{1.04}\right) \cdot W} \cdot 100\%$$

实验时，只需测得装入膨胀计的苯乙烯体积 V mL，亦即知道了其质量 W g，再分别在 t_1，t_2，t_3，…，t_n min 测得体积收缩ΔV_1，ΔV_2，ΔV_3，…，ΔV_n，就可算得在各时刻的转化率。用转化率对 t 作图，在低转化率时应得一直线，从直线斜率即可算出每分钟的转化率，或换算成 mol/（L·s）。本实验需 3 ~ 4 h。

三、试剂和仪器

试剂：过氧化苯甲酰（重新结晶），新蒸苯乙烯，甲苯，丙酮。

仪器：膨胀计，30 mL 带盖称量瓶（4 个），5 mL 或 10 mL 刻度移液管，恒温水浴。

四、实验步骤

（1）在硫酸纸上用分析天平称取（181.8 ± 1）mg 的 BPO，加入 30 mL 称量瓶中，再用 10 mL 移液管加入 20 mL 新蒸馏的苯乙烯，塞好盖，轻轻摇动使 BPO 溶解。

（2）将洗净烘干的膨胀计底瓶放在桌上，用 5 mL 移液管移取已配制好的溶有 BPO 的苯乙烯至液面达底瓶磨口中间位置或稍稍略高一些，记下所加的苯乙烯体积 V。（也可用膨胀计装入反应物前与装入后的质量差直接称量出 W 的值）

（3）将毛细管的磨口小心放入底瓶磨口，应基本保证无苯乙烯溢出。用细铜丝（橡皮套）将底瓶与毛细管固定住。

（4）将膨胀计放入 66 °C 恒温槽，固定好，并观察毛细管中液面上升情况。约 2 min 后，液面停止上升，记下此时毛细管上的毫升刻度值 V_0，并注意观察因聚合体积收缩而高度开始下降（5 ~ 10 min）。待观察到开始下降时，记下时间，为聚合开始时间 t_0，以后每隔 10 min 读一次液面高度（mL），分别为 V_1，V_2，…，直到 6 ~ 7 个读数为止。V_1，V_2，…。V_n与 V_0 之差即为体积收缩ΔV_1，ΔV_2，ΔV_3，…，ΔV_n并以表格形式逐项记录。

注意，膨胀计中苯乙烯质量 W = 底瓶中苯乙烯体积乘以室温下苯乙烯密度（约 0.907 g/mL）。

（5）取出膨胀计，将毛细管与底瓶分开，倒出其中黏稠液（倒入回收瓶中，不要倒到水槽里），用 2 ~ 4 mL 甲苯洗两次，包括毛细管部分。再用少许丙酮洗后，用水洗净，烘干。

（6）计算 t_1，t_2，t_3，…，t_n 时的转化率，并将转化率对时间作图，应得一直线，其斜率即为平均聚合速度（转化率/min）

（7）将上述配好的溶液，引发剂浓度分别稀释成原浓度的 3/4，1/2，1/3。配好后，重复上述测量过程，记录四组数据并作图，得出引发剂浓度与转化率的关系。最后对引发剂浓度和转化率取对数作图，得出引发速率与浓度多少次幂成比例。

五、说　明

（1）因为从直线斜率求平均聚合速度 R_P，W 的影响较小，所以测体积 V 的精确度要求不高，0.1 mL 左右就可以了。此外将毛细管磨口装入底瓶时，溢出的少量苯乙烯的影响可以忽略。

（2）装好苯乙烯的膨胀计在放入恒温槽之前应仔细检查，不应有气泡。不然从气泡上发生体积收缩，气泡不断扩大而液面不下降或下降很慢。遇到这种情况，应重装膨胀计。膨胀计放入恒温槽后液面一直上升，或应该下降的时候总不下降，此种情况，多半是磨口处不严密，水渗入膨胀计所致。此时应换另一膨胀计重做实验。

（3）将每分钟转化率表示的聚合速度换算成 mol/(L・s)，则

$$R_p/(\text{mol/L}\cdot\text{s}) = \frac{\dfrac{x}{M}\cdot 1\,000}{\dfrac{100}{d}\cdot 60} = \frac{10\cdot d\cdot x}{M_f\cdot 60}$$

式中，x、d 分别表示每分钟转化率和苯乙烯聚合温度下的密度，M_f 为苯乙烯分子量。

（4）用膨胀计测聚合速度，必须知道单体和聚合体在聚合温度下的密度，如表 1-5 所示列出几种单体、聚合体 60 °C 的密度值，供参考。

表 1-5　几种单体、聚合体 60 °C 的密度

单　体	单体密度/（g/cm³）	聚合体密度/（g/cm³）	体积收缩/%
丙　烯　腈	0.762	1.190	36.1
甲基丙烯腈	0.758	1.153	34.3
丙烯酸甲酯	0.900	1.191	24.3
乙酸乙烯酯	0.890	1.160	23.2
苯　乙　烯	0.869	1.0401	16.4

六、思考题

（1）用膨胀计法测聚合速度比沉淀法有哪些优点？

（2）如何测单体（液体）、聚合体（固体）的密度？

（3）讨论本实验的影响因素。

实验十五　丙烯酰胺的水溶液聚合及其共聚物的水解

一、目的要求

（1）了解丙烯酰胺溶液聚合过程，加深对聚合反应中放热过程的认识。

（2）了解利用大分子反应使聚丙烯酰胺转变成部分水解聚丙烯酰胺。

二、原　理

丙烯酰胺可以通过溶液聚合，悬浮聚合和乳液聚合进行自由基聚合反应：

$$n\,\mathrm{CH_2{=}CH{-}CONH_2} \longrightarrow \left[\mathrm{CH_2{-}}\underset{\substack{|\\ \mathrm{C{=}O}\\ |\\ \mathrm{NH_2}}}{\mathrm{CH}}\right]_n$$

各方法所得产品各有所长，但丙烯酰胺的水溶液聚合方法由于其成本低、溶液无污染、产品分子量较高等优点，因此是生产聚丙烯酰胺的主要方法。由于水的价廉和链转移常数小，它是丙烯酰胺溶液聚合的最佳溶剂。

部分水解丙烯酰胺可采用共聚法和后水解法制备，本实验采用后水解法制备部分水解聚丙烯酰胺：

$$\left[\mathrm{CH_2{-}}\underset{\substack{|\\ \mathrm{C{=}O}\\ |\\ \mathrm{NH_2}}}{\mathrm{CH}}\mathrm{{-}CH_2{-}}\underset{\substack{|\\ \mathrm{C{=}O}\\ |\\ \mathrm{NH_2}}}{\mathrm{CH}}\right]_n + y\mathrm{NaOH} \longrightarrow \left[\mathrm{CH_2{-}}\underset{\substack{|\\ \mathrm{C{=}O}\\ |\\ \mathrm{O^-Na^+}}}{\mathrm{CH}}\right]_y\left[\mathrm{CH_2{-}}\underset{\substack{|\\ \mathrm{C{=}O}\\ |\\ \mathrm{NH_2}}}{\mathrm{CH}}\right]_n + y\mathrm{NH_3}$$

由于大分子链上官解团之间的相互作用，后水解法制得的水解物其羧钠基沿大分子链的分布比共聚物更均匀。

三、试剂和仪器

丙烯酰胺水溶液（15%），过硫酸钾水溶液（0.1 mol/L），亚硫酸氢钠水溶液（0.1 mol/L），甲基丙烯酸，N,N-二甲胺乙酯（DMAEMA）水溶液（0.1 mol/L），夹套反应器，温度传感器，数字式温度显示仪，恒温水浴，0.2 mL、1.0 mL、0.5 mL 吸量管各一支，氢氧化钠，六偏磷酸钠，尿素，电磁搅拌器，鼓风干燥箱，量旨，塑料袋，筛网一块。

四、实验步骤

1）聚　合

向反应器中加入 100 mL 丙烯酰胺水溶液，把氮气导管插入反应器底部再以 4 L/min 的速度通氮气 2 min，尔后加入 1 mL 的 $K_2S_2O_8$ 溶液、0.3 mL 的 $NaHSO_3$ 溶液、0.7 mL 的 DMAEMA 溶液。待加完后，再通片刻，使其混合均匀。将反应器瓶口封闭，插入温度传感器，将其放入 40 °C 恒温水浴中聚合。

（1）观察诱导期时间。

（2）由数字式温度显示器监视聚合体内温度变化。

一旦温度开始升高时，每 2 min 记录一次温度，最终绘制温度-时间曲线。

（3）反应 1.5 h 结束反应，观察产物的外观。

2）水　解

将聚丙烯酰胺胶体用搅碎机搅碎，称取该胶体 40 g，将其加入聚乙烯塑料袋中，分别称取氢氧化钠 2.0 g，分散剂 1.0 g，防交联剂 0.5 g 溶于 10 mL 蒸馏水中，充分搅拌，待其溶解后，将其倒入聚乙烯塑料袋中，用手反复揉合塑料袋，使水解剂与聚丙烯酰胺充分混合均匀。将袋口封住置于 100 °C 干燥箱水解 1 h 后取出晾置，再撕成小块放在筛网上再置于 100 °C 烘箱干燥 1 ~ 1.5 h，然后取出室温下放置 15 ~ 20 min，经粉碎机粉碎成粉末产品。

3）水解度的测定

（1）用差减法称取 30 mg 左右的试样，精确至 ± 0.000 1 g。

（2）将内有 100 mL 蒸馏水的锥形瓶放在电磁搅拌器上，打开电源，调节搅拌磁子转数使液面旋涡深度达 1 cm 左右，将试样缓慢加入锥形瓶中，待其充分溶解后，可用于水解度测定。

（3）向锥形瓶中分别加入甲基橙和靛蓝二磺酸钠指示剂各 1 滴，试样溶液呈黄绿色。用 0.1 mol/L 盐酸标准溶液滴定试样溶液，溶液由黄绿色变成浅灰色即为滴定终点，记下消耗盐酸的体积，mL。

试样水解度为

$$HD=\frac{C\cdot V\cdot 71\cdot 100}{1\,000\,m\cdot s-23C\cdot V}$$

式中，C——盐酸标准溶液浓度，mol/L；

V——试样溶液消耗的盐酸标准溶液体积，mL；

m——试样的质量，g；

S——试样的因含量。

五、思考题

（1）水解过程中，为什么要将塑料袋口封住，如打开会有什么结果？

（2）影响丙烯酰胺聚合诱导期长短的主要因素有哪些？

第二部分　高分子物理实验

实验一　渗透压法测定聚合物分子量和 Huggins 参数

一、实验目的

（1）了解高聚物溶液渗透压的原理。
（2）掌握动态渗透压法测定聚合物的数均分子量。

二、基本原理

1）理想溶液的渗透压

从溶液的热力学性质可知，溶液中溶剂的化学势比纯溶剂的小，当溶液与纯溶剂用一半透膜隔开（见图 2-1），溶剂分子可以自由通过半透膜，而溶质分子则不能。由于半透膜两侧溶剂的化学势不等，溶剂分子经过半透膜进入溶液中，使溶液液面升高而产生液柱压强，溶液随着溶剂分子渗入而压强逐渐增加，其溶剂的化学势亦增加，最后达到与纯溶剂化学势相同，即渗透平衡。此时两边液柱的压强差称为溶剂的渗透压（π）。

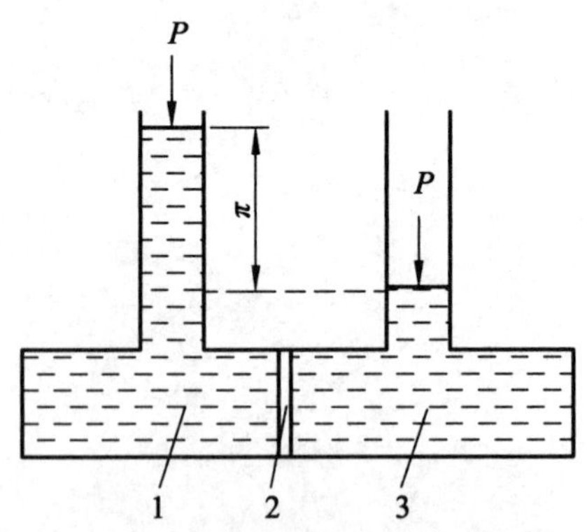

图 2-1　半透膜渗透作用示意图

1—溶液池；2—半透膜；3—溶剂池

理想状态下的范特霍夫渗透压公式为

$$\frac{\pi}{C}=\frac{RT}{M} \tag{2-1}$$

2）聚合物溶液的渗透压

高分子溶液中的渗透压，由于高分子链段间以及高分子和溶剂分子之间的相互作用不同，高分子与溶剂分子大小悬殊，使高分子溶液性质偏离理想溶液的规律。实验结果表明，高分子溶液的比浓渗透压$\frac{\pi}{C}$随浓度而变化，常用维利展开式表示为

$$\frac{\pi}{C}=RT\left(\frac{1}{M}+A_2C+A_3C^2+\cdots\right) \quad (2\text{-}2)$$

式中，A_2和A_3分别为第二和第三维利系数。

通常，A_3很小，当浓度很稀时，对于许多高分子-溶剂体系高次项可以忽略。则公式（2-2）可以写为

$$\frac{\pi}{C}=RT\left(\frac{1}{M}+A_2C\right) \quad (2\text{-}3)$$

即比浓渗透压（$\frac{\pi}{C}$）对浓度 C 作图是呈线性关系，如图 2-2 的线 2 所示，往外推到 $C\to 0$，从截距和斜率便可以计算出被测样品的分子量和体系的第二维利系数 A_2。

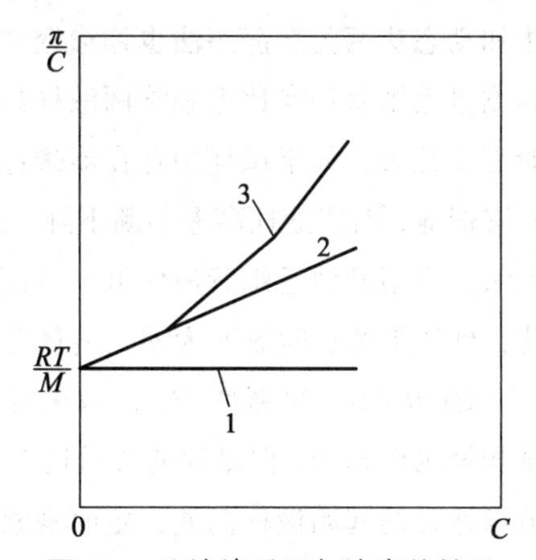

图 2-2　比浓渗透压与浓度的关系

1—理想溶液（$A_2=A_3=0$）；2，3—高分子溶液（2—$A_2=0$，$A_2\neq 0$；3—$A_2\neq 0$，$A,\neq 0$）

但对于有些高分子-溶剂体系，在实验的浓度范围内，$\frac{\pi}{C}$对 C 作图，如图 2-2 线 3 所示，明显弯曲。可用下式表示：

$$\left(\frac{\pi}{C}\right)^{\frac{1}{2}}=\left(\frac{RT}{M}\right)^{\frac{1}{2}}+\frac{1}{2}\left(\frac{RT}{M}\right)^{\frac{1}{2}}\Gamma_2C \quad (2\text{-}4)$$

同样$\left(\frac{\pi}{C}\right)^{\frac{1}{2}}$对 C 作图得线性关系，外推 $C\to 0$，得截距$\left(\frac{RT}{M}\right)^{\frac{1}{2}}$，求得分子质量 M，由斜率可以求得 Γ_2。$\Gamma_2=A_2M$ 。

第二维利系数的数值可以看成高分子链段间和高分子与溶剂分子间相互作用的一种量

度，和溶剂化作用以及高分子在溶液中的形态有密切的关系。

根据高分子溶液似晶格模型理论，对溶液混合自由能的统计计算提出了比浓渗透压对浓度依赖关系的弗洛里-哈金斯公式。

$$\frac{\pi}{C}=RT\left[\frac{1}{\overline{M}_n}+\left(\frac{1}{2}-\chi_1\right)\frac{1}{\overline{V}_1\rho_2^2}C+\frac{1}{3}\frac{1}{\overline{V}_1\rho_2^2}C_2+\cdots\right] \qquad (2\text{-}5)$$

式中，$\overline{V}_1$是溶剂的偏摩尔体积；ρ_2是高聚物的密度；χ_1称哈金斯（Huggins）参数，是表征高分子-溶剂体系的一个重要参数。比较公式（2-2）与（2-5），可得A_2与χ_1之间的关系。

$$A_2=\frac{\left(\frac{1}{2}-\chi_1\right)}{\overline{V}_1\rho_2^2} \qquad (2\text{-}6)$$

χ_1的数值可以由第二维利系数来计算得到。

3）渗透压的测量

渗透压的测量，有静态法和动态法两类。静态法也称渗透平衡法，是让渗透计在恒温下静置，用测高计测量渗透池的测量毛细管和参比毛细管两液柱高差，直至数值不变，但达到渗透平衡需要较长时间，一般需要几天，如果试样中存在能透过半透膜的低分子，则在此长时间内全部透过半透膜而进入溶剂池，而使液柱高差不断下降，无法测得正确的渗透压数据。动态法有速率终点和升降中点法。当溶液池毛细管液面低于或高于其渗透平衡点时，液面会以较快速率向平衡点方向移动，到达平衡点时流速为零，测量毛细管液面在不同高度h_i处的渗透速率 dH/dt，作图外推到 $dH/dt=0$，得截距H'_{0i}，减去纯溶剂的外推截距H_0，差值$H_{0i}=H'_{0i}-H_0$与溶液密度的乘积即为渗透压。但是膜的渗透速率比较高时，dH/dt值的测量误差比较大。升降中点法是调节渗透计的起始液柱高差，定时观察和记录液柱高差随时间的变化，作高差对时间对数图，估计此曲线的渐近线，再在渐近线的另一侧以等距的液柱重复进行上述测定，然后取此两曲线纵坐标和的半数画图，得一直线再把直线外推到时间为零，即平衡高差。动态法的优点是快速、可靠。测定一个试样只需半天时间，每一浓度测定的时间短，使测得的分子质量更接近于真实分子质量。本实验采用动态法测量渗透压。

三、仪器药品

改良型 Bruss 膜渗透计（见图 2-3），精度 1/50 mm 的测高仪，精度 1/10 s 的停表，恒温水槽（装有双搅拌器和低滞后的加热器，温度波动小于 0.02 °C，溶剂瓶上方用泡沫塑料保温），聚甲基丙烯酸甲酯，丙酮。

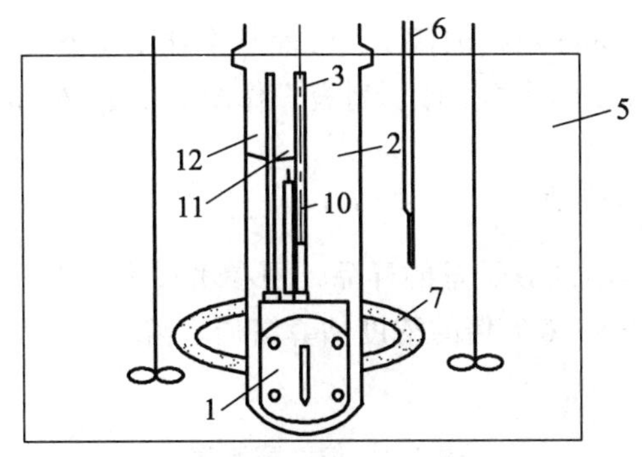

图 2-3　改良型 Bruss 膜渗透计装置

1—渗透池；2—溶剂瓶；3—拉杆密封螺丝；4—搅拌器；5—恒温槽；6—接点温度计；7—加热器；8—拉杆；9—溶剂瓶盖；10—进样毛细管；11—参比毛细管；12—测量毛细管

四、实验步骤

1）测量纯溶剂的动态平衡点

（1）新装置好的渗透计、半透膜往往有不对称性，即当半透膜两边均是纯溶剂时，渗透计测量毛细管与参比毛细管液柱高常有些差异。测量过溶液的渗透计，则由于高分子在半透膜上的吸附和溶质中低分子量部分的透过，也有这种不对称性。在测定前需用溶剂洗涤多次，并浸泡较长时间，消除膜的不对称性及溶剂差异对渗透压的影响。用特制长针头注射器缓缓插入注液毛细管直至池底，抽干池内溶剂，然后取 2.5 mL 待测溶剂，再洗涤一次渗透池并抽干，再注入溶剂，将不锈钢拉杆插入注液毛细管，让拉杆顶端与液面接触，不留气泡，旋紧下端螺丝帽，密封注液管。

（2）测量液面上升的速率。通过拉杆调节，使测量毛细管液面位于参比毛细管液面下一定位置，旋紧上端，记录液面高度 h_i，读数精确到 0.002 cm。用秒表测定该液面高度上升 1 mm 所需时间 t_i。旋松上端螺丝再用拉杆调节测量毛细管液面（若速率很快，可以让其自行上升），使之升高约 0.5 cm 再做重复测定。如此，使液面从下往上测量 5 ~ 6 个实验点，并测参比毛细管液面高 h_0，计算液柱高差 $\overline{h}_i = h_i - h_0$，和上升瞬间速率 d$H$/d$t$ 即 1/t，记录并计算列表如表 2-1 所示。

表 2-1　实验记录表

	h_0	h_1	h_2	h_3	h_4	h_5	h_6
t_i							
$\overline{h}_i$/cm							
H_i/cm							
dH/dt/(mm/s)							

由 H_i 对 dH/dt 作图即得“上升线”。

（3）测量液面下降的速率。将测量毛细管液面上升到参比毛细管液面以上一定位置，记

录液面高度 h_i 及液面下降 1 mm 所需时间 t_i，液面从上往下也测量 5 ~ 6 个实验点并测参比毛细管液面高度 h_0，与步骤（2）同样计算、列表、作图。由 H_i 对 $\mathrm{d}H/\mathrm{d}t$ 作图得“下降线”。

2）测量溶液的动态平衡点

（1）制备试样溶液。对不同分子量的样品，可参考如表 2-2 所示配制最高的浓度。然后以最高浓度的 0.15、0.3、0.5、0.7 倍的浓度估算溶质、溶剂的值，用质量法配制样品溶液 5 个。搁置过夜待用。

表 2-2　浓度配制表

M/(g/mol)	2×10^4	5×10^4	1×10^5	2.5×10^5	5×10^5	1×10^6
C/[$10^2\times$(g/cm^3)]	0.5	0.5	1	1	1.5	3

（2）换液。旋松下端螺丝，抽出拉杆，如同溶剂中一样的操作，用长针头注射器吸干池内液体，取 2.5 mL 待测溶液洗涤、抽干、注液、插入拉杆。换液顺序由稀到浓，先测最稀的，测定 5 个浓度的溶液。

（3）各个浓度的“上升线”和“下降线”的测量的方法同溶剂。调节测量毛细管的起始液面高度时，不宜过高或过低。测量前根据配制的浓度和大概的分子量预先估计渗透平衡点的高度位置，起始液面高度选择在距渗透平衡点（估计值）3 ~ 6 mm 处，即以大致相同的推动压头下开始测定。也只有在合适的起始高度下，每次测定所需的时间（从注液至测定完的时间间隔）相同，实验点的线性和重复性才会好。严格做到操作手续的一致是十分重要的。每一浓度下的“上升线”和“下降线”记录列表如表 2-1 所示，并作图。实验完毕后用纯溶剂洗涤渗透池 3 次。

五、实验数据处理

（1）由测量毛细管的液面高度、参比毛细管液面高度如表 2-1 所示计算得到 H_i、$\mathrm{d}H/\mathrm{d}t$ 的数据，以 H_i 为纵坐标、$\mathrm{d}H/\mathrm{d}t$ 为横坐标作图并外推到 $\mathrm{d}H/\mathrm{d}t = 0$，即得渗透平衡的柱高差 H_{0i}，则此溶液的渗透压为

$$\pi_i = H_{0i}\rho_0$$

（2）溶液的渗透压测量中，渗透计的两根毛细管液柱，一根是溶液液柱（测量管），另一根是溶剂的液柱，它们能造成液压差，确切地说应该考虑溶液与溶剂的密度差别，即所谓密度改正，但一般情况下，溶液较稀，密度改正项不大，且对不同浓度的测量来说，溶液的密度又有差别，各种溶液的密度数据又不全，常常只能简单地以溶剂密度 ρ_0 代之。实验记录如下形式：

样品________________；

实验温度 T = ________________K；

溶剂________________实验温度下的密度 ρ_0 = ________________g/cm^3。

（3）作 π/C 对 C 的图[或（π/C）$^{1/2}$ 对 C 作图]，由直线外推值 $(\pi/C)_{C\to0}$[或 $(\pi/C)^{1/2}{}_{C\to0}$]

计算数均分子量。

$$\bar{M}_n = \frac{8.484 \times 10^4 T}{(\pi / C)_{C \to 0}}$$

（4）由直线斜率求 A_2，并计算高分子-溶剂相互作用参数 χ_1。

六、思考题

（1）体系中第二维利系数 A_2 等于零的物理意义是什么？
（2）什么条件使第二维利系数等于零？

实验二　偏光显微镜法观察聚合物球晶

一、实验目的

（1）熟悉偏光显微镜的构造，掌握偏光显微镜的使用方法。
（2）观察不同结晶温度下得到的球晶的形态，估算聚丙烯球晶大小。
（3）测定聚丙烯在不同结晶度下晶体的熔点。
（4）测定 25 °C 下聚丙烯的球晶生长速度。

二、实验原理

聚合物的结晶受外界条件影响很大，而结晶聚合物的性能与其结晶形态等有密切的关系，所以对聚合物的结晶形态研究有着很重要的意义。聚合物在不同条件下形成不同的结晶，比如单晶、球晶、纤维晶等等，而其中球晶是聚合物结晶时最常见的一种形式。球晶可以长得比较大，直径甚至可以达到厘米数量级。球晶是从一个晶核在三维方向上一起向外生长而形成的径向对称的结构，由于是各向异性的，就会产生双折射的性质。聚合物球晶在偏光显微镜的正交偏振片之间呈现出特有的黑十字消光图形，因此，普通的偏光显微镜就可以对球晶进行观察。

偏光显微镜的最佳分辨率为 200 nm，有效放大倍数超过 100 ~ 630 倍，与电子显微镜、X 射线衍射法结合可提供较全面的晶体结构信息。

球晶的基本结构单元是具有折叠链结构的片晶，球晶是从一个中心（晶核）在三维方向上一起向外生长晶体而形成的径向对称的结构，即一个球状聚集体。光是电磁波，也就是横波，它的传播方向与振动方向垂直。对于自然光来说，它的振动方向均匀分布，没有任何方向占优势。但是自然光通过反射、折射或选择吸收后，可以转变为只在一个方向上振动的光波，即偏振光。一束自然光经过两片偏振片，如果两个偏振轴相互垂直，光线就无法通过了。光波在各向异性介质中传播时，其传播速度随振动方向不同而变化。折射率值也随之改变，一般都发生双折射，分解成振动方向相互垂直、传播速度不同、折射率不同的两条偏振光。而这两束偏振光通过第二个偏振片时，只有在与第二偏振轴平行方向的光线可以通过；而通过的两束光由于光程差将会发生干涉现象。

在正交偏光显微镜下观察，非晶体聚合物因为其各向同性，没有发生双折射现象，光线被正交的偏振镜阻碍，视场黑暗。球晶会呈现出特有的黑十字消光现象，黑十字的两臂分别平行于两偏振轴的方向。除了偏振片的振动方向外，其余部分就出现了因折射而产生的光亮。在偏振光条件下，还可以观察晶体的形态，测定晶粒大小和研究晶体的多色性等等。

三、实验仪器和材料

偏光显微镜（见图 2-4）及计算机 1 台、附件 1 盒、擦镜纸、镊子；热台、恒温水浴、电炉；盖玻片、裁玻片；聚丙烯薄膜。

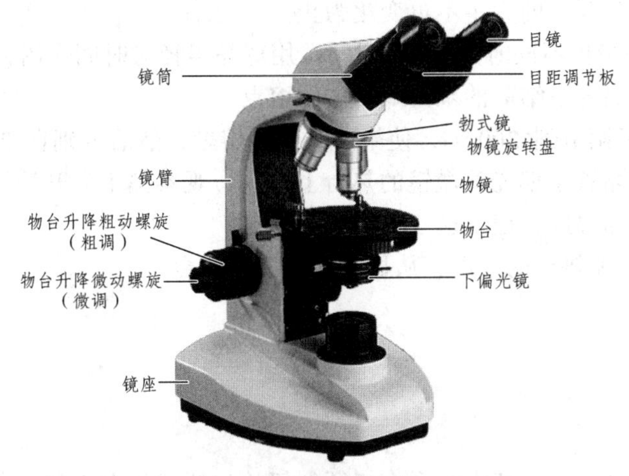

图 2-4 偏光显微镜结构示意图

四、实验步骤

（1）启动计算机，打开显微镜摄像程序 AVerMedia EZCapture.

（2）显微镜调整。

① 预先打开汞弧灯 10 min，以获得稳定的光强，插入单色滤波片。

② 去掉显微镜目镜，起偏片和检偏片置于 90°，边观察显微镜筒，边调节灯和反光镜的位置，如需要可调整检偏片以获得完全消光（视野尽可能暗）。

（3）聚丙烯的结晶形态观察。

① 切一小块聚丙烯薄膜，放于干净的载破片上，使之离开玻片边缘，在试样上盖上一块盖玻片。

② 预先把电热板加热到 200 °C，将聚丙烯样品在电热板上熔融，然后迅速转移到 50 °C 的热台使之结晶，在偏光显微镜下观察球晶体，观察黑十字消光及干涉色。

③ 拉开摄像杆，微调至在屏幕上观察到清晰球晶体，保存图像，把同样的样品在熔融后于 100 °C 和 0 °C 条件下结晶，分别在计算机上保存清晰的图案。

（4）聚丙烯球晶尺寸的测定。

测定聚合物球晶体大小。聚合物晶体薄片放在正交显微镜下观察，用显微镜目镜分度尺测量球晶直径，测定步骤如下：

① 将带有分度尺的目镜插入镜筒内，将载物台显微尺置于载物台上，使视区内同时见两尺。

② 调节焦距使两尺平行排列、刻度清楚，并使两零点相互重合，即可算出目镜分度尺的值。

③ 取走载物台显微尺，将预测之样品置于载物台视域中心，观察并记录晶形，读出球晶在目镜分度尺上的刻度，即可算出球晶直径大小。

（5）球晶生长速度的测定。

① 将聚丙烯样品在 200 °C 下熔融，然后迅速放在 25 °C 的热台上，每隔 10 min 把球晶的形态保存下来、直到球晶的大小不再变化为止。

② 对照照片，测量出不同时间球晶的大小，用球晶半径对时间作图，得到球晶生长速度。

（6）测定在不同温度下结晶的聚丙烯晶体的熔点。

① 预先把电热板调节到 200 °C，使聚丙烯充分熔融，然后分别在 20 °C、25 °C、30 °C 下结晶。每个结晶样品置于偏光显微镜的热台上加热，观察黑十字开始消失的温度、消失一半的温度和全部消失的温度，记下这三个熔融温度。

② 实验完毕，关掉热台的电源，从显微镜上取下热台。

③ 关闭汞弧灯。

五、思考题

（1）聚合物结晶过程有何特点？形态特征如何（包括球晶大小和分布、球晶的边界、球晶的颜色等）？结晶温度对球晶形态有何影响？

（2）利用晶体光学原理解释正交偏光系统下聚合物球晶的黑十字消光现象。

实验三　黏度法测定高聚物的分子量

一、目的要求

（1）掌握毛细管黏度计测定高聚物分子量的原理。

（2）学会用黏度法测定特性黏度。

二、实验原理

黏度法是测定高聚物分子量的简便方法之一。该方法是根据线型高聚物溶液的黏度随分子量增加的原理来测定的。由于溶液中大分子链段间及溶剂分子与大分子间的相互作用，使分子链具有很复杂的构象，因此溶液黏度虽然与分子量有一定的关系，但它们之间的关系只能由某些经验方程式来确定。

通常，将纯溶剂的黏度记作η_0，将高分子溶液的黏度记作η，溶液黏度与纯溶剂黏度之比η/η_0称为“相对黏度”，用η_r表示：

$$\eta_r = \eta/\eta_0$$

而将溶液黏度增加的分数称为“增比黏度”，用η_{sp}表示

$$\eta_{sp} = \frac{\eta - \eta_0}{\eta_0} = \eta_r - 1$$

对于一般低分子溶液，其增比黏度η_{sp}与浓度成正比关系，则η_{sp}/C为常数，η_{sp}又称为“比浓黏度”。对高分子溶液而言，由于大分子链的特殊性，比浓黏度表现出高黏度的特性，并且其增比黏度随溶液黏度的增加而增加，为了得到黏度与分子量之间的对应关系，往往用消除浓度对增比浓度的影响来求得，即取浓度趋于零时的比浓黏度（因为浓度趋于零时，大分子间作用力可忽略不计），用$[\eta]$表示，称为特性黏度（或特征黏度）。

$$[\eta] = \lim_{c \to 0} \frac{\eta_{sp}}{C}$$

或

$$[\eta] = \lim_{c \to 0} \frac{\ln \eta_r}{C}$$

高聚物的特性黏度与分子量的关系，还与大分子在溶液里的形态有关。一般大分子在溶液中卷得很紧，当流动时，大分子中的溶剂分子随大分子一起流动，则大分子的特性黏度与其分子量的平方根成正比；若大分子在溶液中呈完全伸展和松散状，当流动时，大分子中溶剂分子是完全自由的，此时大分子的特性黏度与分子量成正比，而大分子的形态是大分子链

段和大分子-溶剂分子之间相互作用力的反映。因此，特性黏度与分子量的关系随所用溶剂、测定温度不同而不同，目前常采用一个包含两个参数的经验式来表示：

$$[\eta]=KM^{a}$$

式中，K、a 是与聚合物种类、熔剂体系、温度范围等有关的常数，也有的需要借助其他直接测定分子量方法来确定。

将上式化成对数形式：

$$\lg[\eta]=\lg K+a\lg M$$

只要将经过仔细分级的样品，测定各级分的$[\eta]$和用光散射法、渗透压法、超速离心等直接方法测定相对应的分子量，就可以做出 $\lg M$ 的线性关系图，此时直线的斜率为 a，直线的截距为 $\lg K$，从而求出 K 与 a。

特性黏度通过外推法（多点法）求得。已经知道特性黏度是当溶液浓度超于零时的比浓黏度，表示它们关系的经验式很多，其中最常用的有两种：

$$\frac{\eta_{sp}}{C}=[\eta]+K'[\eta]^{2}C \qquad (2\text{-}7)$$

$$\frac{\ln\eta_{r}}{C}=[\eta]-K''[\eta]^{2}C \qquad (2\text{-}8)$$

以η_{sp}/C 对 C 或 $\ln\eta_r/C$ 对 C 作图都可以得$[\eta]$外推到 $C=0$ 时的截距为$[\eta]$，如图 2-5 所示。

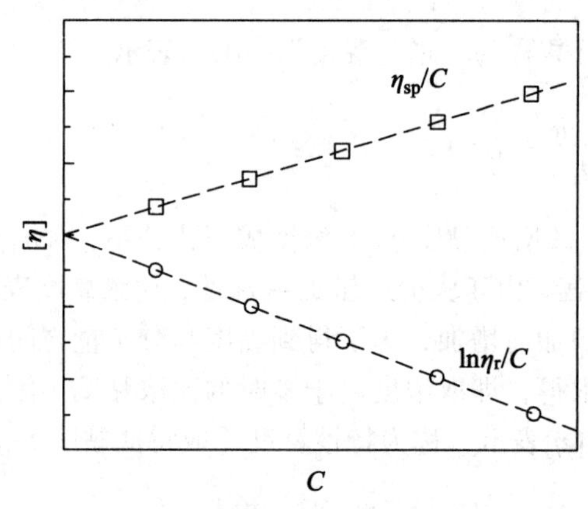

图 2-5　$\ln\eta_r/C$ 和 η_{sp}/C 对 C 作图

外推法需要在几个不同浓度下测定其黏度，从而求得η_{sp}/C 或 $\ln\eta_r/C$ 对 C 的关系，因此又称多点法。此方法相对麻烦，不适应于工程快速测定的需要，现在经常采用简化的“一点法”，即通过测定一个浓度下的η_{sp}和η_r求得特性黏度$[\eta]$的方法。

当$K'+K''=\frac{1}{2}$时，由公式（2-7）和（2-8）解出下列关系

$$[\eta]=\frac{\sqrt{2(\eta_{sp}-\ln\eta_{r})}}{C} \qquad (2\text{-}9)$$

式中，C 为溶液浓度，g/mL。

不同的高聚物-溶液体系工业生产常采用不同的经验公式。许多实验表明，很多高分子溶液中 $K'+K''=\frac{1}{2}$，其中顺 1,4-聚丁二烯体系可采用此公式。

在黏度法测定聚合物分子量时，测定溶液黏度的绝对值是很困难的，所以一般都是测定其相对黏度，本实验采用的是毛细管计（乌氏黏度计），如图 2-6 所示。

一般被测溶液的浓度是比较稀的，所以在平时实验中选用纯溶剂流出时间，为 100～200 s，动能校正项可忽略。

于是

$$\eta_r=\frac{t}{t_0}$$

$$\eta_{sp}=\frac{t}{t_0}-1=\eta_r-1$$

通过实验，测定纯溶剂、溶液（不同浓度）流经毛细管 a 与 b 之间的时间 t、t_0，用一点法求得$[\eta]$，再用此公式$[\eta]=KM^a$ 求得分子量 M。

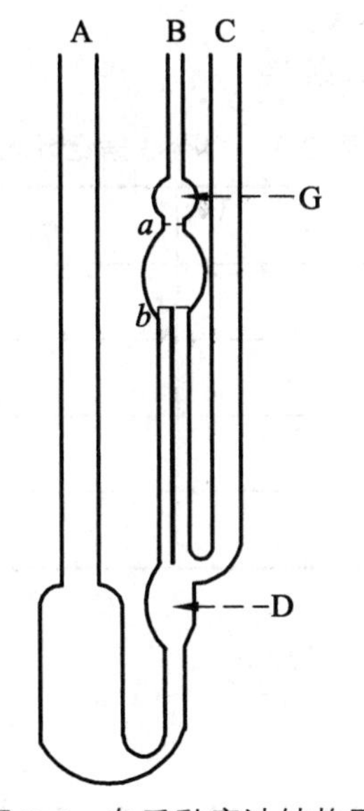

图 2-6 乌氏黏度计结构图

三、仪器与试剂

恒温水槽 1 套（±0.1 °C）、乌氏黏度计 1 支、秒表 1 块、10 mL 量筒 1 个、医用乳胶管 1 支、夹子 2 支、10 mL 移液管 2 支、100 mL 磨口三角瓶 2 个、100 mL 容量瓶 2 个、2 号玻砂漏斗 1 支、聚乙烯醇 PVA、蒸馏水、100 mL 烧杯 1 个。

四、实验操作

（1）纯溶剂流出时 t_0 的测定。

将干净烘干的黏度计，用过滤的纯溶剂洗 2 到 3 次，再固定在恒温（30 ± 0.1）°C 水槽中，使其保持垂直，并使 E 球全部浸泡在水中并过 A 线，然后将过滤好的纯溶剂从 A 管加入 10 ~ 50 mL，恒温 10 ~ 15 min，开始测定，闭紧 C 管上的乳胶管，用吸耳球从 B 管将纯溶剂吸入 G 球的一半，拿下吸耳球打开 C 管，记下纯溶剂流经 a、b 刻度线之间的时间为 t。重复 3 次测定，每次误差 < 0.2 s，取 3 次的平均值。

（2）溶液流经时间 t 的测定。

取洁净干燥的聚乙烯醇试样，在分析天平下准确称取（0.05 ± 0.001 ~ 0.002）g，溶于 50 mL 烧杯内（加纯溶剂 10 mL 左右），微微加热，使其完全溶解，但温度不宜高于 60 °C，待溶质完全溶解后用玻砂漏斗滤至 15 mL 容量瓶内（用纯溶剂将烧杯洗 2 ~ 3 次滤入容量瓶内）。恒温 15 min 左右，用准备好的纯溶剂稀释到刻度，反复摇均匀，再加入黏度计内（15 mL 左右）。恒温 10 ~ 15 min 即测定，测定方法同测定溶剂一样。

五、数据记录及处理

（1）如表 2-3 所示，记录测得数据。

表 2-3　实验数据记录表

次数	t_0	t	η_r	η_{sp}	$[\eta]$
1					
2					
3					
平均					

（2）根据

$$[\eta] = KM^a$$

已知聚乙烯醇在水溶液中，30 °C 时，$K = 42.8 \times 10^{-3}$，$a = 0.64$，画出实验数据图。

六、注意事项

（1）恒温水槽温度严格控制（30 ± 0.1）°C，如果高于或低于就要重做。

（2）加热器、恒温玻璃水槽配用 500 ~ 600 W 加热器为宜，否则功率太小，加热时间长，功率太大，温度波动大。

（3）所用玻璃仪器洗净烘干。

（4）所用仪器用纯溶剂洗 2 ~ 3 次，然后装满纯溶剂放好。

（5）溶剂、溶液倒入回收瓶。
（6）使用黏度计时要小心，否则易折断黏度计管。

七、思考题

（1）用一点法测分子量有什么优越性？
（2）资料里查不到 K、a 值，如何求得 K、a 值？
（3）在测定分子量时主要需注意哪几点？

实验四　膨胀计法测定聚合物的玻璃化温度

一、实验目的

（1）掌握膨胀计法测定聚合物 T_g 的实验基本原理和方法。

（2）了解升温速度对玻璃化温度的影响。

（3）测定聚苯乙烯的玻璃化转变温度。

二、实验原理

当玻璃化转变发生时，高聚物从一种黏性液体或橡胶态转变成脆性固体。根据热力学观点，这一转变不是热力学平衡态，而是一个松弛过程，因而玻璃态与转变的过程有关。描述玻璃化转变的理论主要有自由体积理论、热力学理论、动力学理论等。本实验的基本原理来源于应用最为广泛的自由体积理论。

根据自由体积理论可知，高聚物的体积由大分子已占体积和分子间的空隙即自由体积组成。自由体积是分子运动时必需空间。温度越高，自由体积越大，越有利于链段中的短链作扩散运动而不断地进行构象重排。当温度降低，自由体积减小，降至玻璃化温度以下时，自由体积减小到某一临界值，链段的短链扩散运动受阻不能发生（即被冻结），就发生玻璃化转变。如图 2-7 所示，高聚物的比容-温度关系曲线能够反映自由体积的变化。

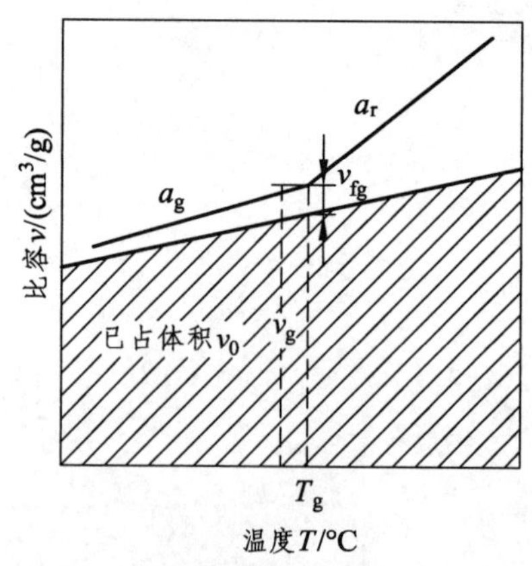

图 2-7　聚合物的比容-温度关系曲线

图中上方的实线部分为聚合物的总体积，下方阴影区部分则是聚合物已占体积。当温度大于 T_g 时，高聚物体积的膨胀率就会增加，可以认为是自由体积被释放的结果，如图中所示 α_r 段部分。当 $T<T_g$ 时，聚合物处于玻璃态，此时聚合物的热膨胀主要由分子的振动幅度和键

长的变化的贡献。在这个阶段，聚合物容积随温度线性增大，如图所示α_g段部分。显然，两条直线的斜率发生极大的变化，出现转折点，这个转折点对应的温度就是玻璃化温度 T_g。

T_g值的大小与测试条件有关，如升温速率太快，即作用时间太短，链段来不及调整位置，玻璃化转变温度就会偏高。反之偏低，甚至检测不到。所以，测定聚合物的玻璃化温度时，通常采用的标准是 1 ~ 2 °C/min。T_g大小还和外力有关，单向的外力能促使链段运动。外力越大，T_g降低越多。外力作用频率增加，则 T_g升高。因此，用膨胀计法所测得的 T_g比动态法测得的要低一些。除了外界条件，T_g值还受聚合物本身的化学结构的影响，同时也受到其他结构因素如共聚交联、增塑以及分子量等的影响。

三、仪器与试剂

膨胀计（见图 2-8）、甘油油浴锅、温度计、电炉、调压器和电动搅拌器等；聚苯乙烯（工业级）、乙二醇、真空密封油。

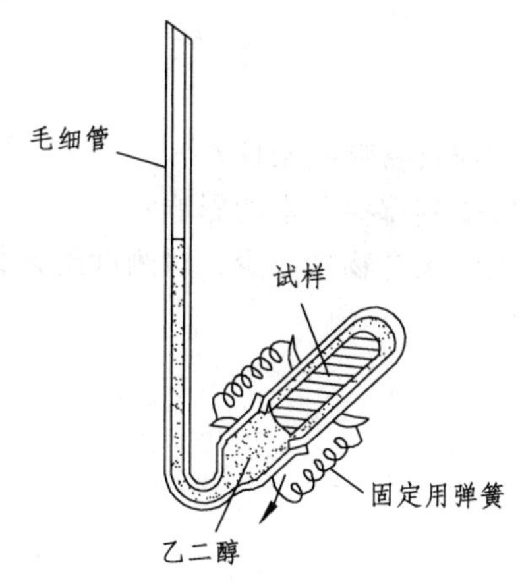

图 2-8　膨胀计构造图

四、实验步骤

（1）先在洗净、烘干的膨胀计样品管中加入 PS 颗粒，加入量约为样品管体积的 4/5。然后缓慢加入乙二醇，同时用玻璃棒轻轻搅拌驱赶气泡，并保持管中液面略高于磨口下端。

（2）在膨胀计毛细管下端磨口处涂上少量真空密封油，将毛细管插入样品管，使乙二醇升入毛细管柱的下部，不高于刻度 10 小格，否则应适当调整液柱高度，用滴管吸掉多于乙二醇。

（3）仔细观察毛细管内液柱高度是否稳定，如果液柱不断下降，说明磨口密封不良，应该取下擦净重新涂敷密封油，直至液柱刻度稳定，并注意毛细管内不留气泡。

（4）将膨胀计样品管浸入油浴锅，垂直夹紧，谨防样品管接触锅底。

（5）打开加热电源开始升温，并开动搅拌机，适宜调节加热电压，控制升温速度为 1 °C/min 左右。间隔 5 min 记录一次温度和毛细管液柱高度。当温度升至 60 °C 以上时，应该每升高 2 °C，就要记录一次温度和毛细管液柱高度，直至 110 °C，停止加热。

（6）取下膨胀计及油浴锅，当油浴温度降至室温，可另取一支膨胀计装好试样，改变升温速率为 3 °C/min，按上述操作要求重新实验。

（7）以毛细管高度为纵轴、温度横轴左图，在转折点两边作切线，其交点处对应温度即为玻璃化温度。

（8）如果采用 3 支膨胀计在确保相同条件下同时测定 3 个试样，即可以这 3 个试样的 T_g 对 $1/M_n$ 作图，求得 T_g（∞）和 K 及 θ。

五、注意事项

（1）注意选取合适测量温度范围，因为除了玻璃化转变外，还存在其他转变。

（2）测量时，常把试样在封闭体系中加热或冷却，体积的变化通过填充液体的液面升降而读出。因此，要求这种液体不能和聚合物发生反应，也不能使聚合物溶解或溶胀。

六、思考题

（1）作为聚合物热膨胀介质应具备哪些条件？

（2）聚合物玻璃化转变温度受到哪些因素的影响？

（3）若膨胀计样品管内装入的聚合物量太少，对测试结果有何影响？

（4）膨胀计还有哪些应用？

实验五　聚合物熔体流动速率的测定

一、实验目的

（1）了解聚合物熔体流动速率的意义，以及负荷与剪切应力、熔体流动速率与剪切速率的关系。

（2）测定不同负荷下聚乙烯的熔体流动速率，并计算剪切应力、聚乙烯熔体的流动曲线。

（3）学习掌握 XRN-400AM 型熔体流动速率测定仪的使用方法。

二、实验原理

熔体流动速率是指在一定温度和负荷下，聚合物熔体每 10 min 通过标准口模的质量，通常用 MFR（Melt Flow Rate）表示，它是衡量聚合物流动性能的一个重要指标。对于同一种聚合物，在相同的条件下，单位时间内流出量越大，熔体流动速率就越大，说明其平均分子量越低，流动性越好。但对于不同聚合物，由于测定时规定的条件不同，不能用熔体流动速率的大小来比较它们的流动性。

不同的用途和不同的加工方法，对聚合物的熔体流动速率有不同的要求。一般情况下，注射成型用的聚合物其熔体流动速率较高；挤出成型用的聚合物熔体流动速率较低；吹塑成型的介于两者之间。但熔体流动速率是在给定的剪切应力下测得的。在实际加工过程中，聚合物熔体处在一定的剪切速率范围内，因此在生产中经常出现熔体流动速率值相同而牌号不同的同一种聚合物表现出不同的流动行为，而有熔体流动速率值不同却有相似的加工性能的现象。

熔体流动速率的测量是在熔体流动速率测定仪上进行的。熔体流动速率测定仪装置相对简单，使用方便，价格也比较低，在聚合物工业中应用很普遍。本质上熔体流动速率测定仪是一种固定压力型的毛细管流变仪，因此可以应用毛细管流变仪的理论对其进行数据处理。在通常的加工条件下，聚合物熔体的黏度很高，剪切速率一般都小于 $10^4\ s^{-1}$，雷诺数很小。聚合物熔体在毛细管中的流动是一种不可压缩的黏性流体的稳定流动。当毛细管两端的压力差为Δp 时，管壁处的剪切应力δ_r和剪切速率 $\dot{Y}$ 与压力差、熔体流动速率的关系式为

$$\delta_r = \frac{r\Delta p}{2L} \tag{2-10}$$

$$\dot{Y} = \frac{4Q}{\pi r^3} \tag{2-11}$$

式中，r 为毛细管的半径，cm；L 为毛细管的长度，cm；Q 为熔体体积流动速率，cm^3/s。

对于熔体流动速率测定仪，毛细管两端的压力差Δp和熔体体积流动速率 Q 分别为 $\Delta p=\dfrac{G}{\pi R^2}$，$Q=\dfrac{\text{MFR}}{600a}$。式中，$G$为实验所加负荷；$R$为活塞头的半径，cm；MFR为在此负荷下测定的熔体流动速率，0.1 g/min；d为被测样品的密度，g/cm^3。剪切应力和剪切速率与试验负荷和熔体流动速率则分别有如下关系。

$$\delta_r=\frac{rG}{2\pi R^2 L} \tag{2-12}$$

$$\dot{Y}=\frac{\text{MFR}}{150\pi^3 d} \tag{2-13}$$

而表观黏度η_α与熔体流动速率的关系则为

$$\eta_\alpha=\frac{\delta_r}{\dot{Y}}=\frac{(75r^4 d)}{R^2 L}\frac{G}{\text{MFR}} \tag{2-14}$$

由此，利用熔体流动速率测定仪，在恒定温度下测定不同负荷下的聚合物的熔体流动速率，由公式（2-12）~（2-14）可计算得到相应的剪切应力和剪切速率以及表观黏度，并可绘制出聚合物熔体的流动曲线，由毛细管流变仪和熔体流动速率测定仪测得的聚合物流动曲线基本一致，熔体流动速率测定仪测得的速率为 $10^{-0.5}\sim10^{2.5}\ \text{s}^{-1}$ 比流变仪测得的范围（$10^{-1}\sim10^{3}\ \text{s}^{-1}$）稍窄。

由于绝大多数的聚合物熔体属于非牛顿流体，必须对其流动行为进行非牛顿修正。修正公式是Rabinnowitsch-Mooney经验公式，在剪切速率范围不大的情况下，聚合物熔体流动曲线的过渡区近似直线，以此直线的斜率来表征流动的非牛顿性程度。

$\dot{Y}_{修正}=[(3n+1)/4n]\dot{Y}$，其中 n 称为非牛顿性指数。

由于熔体流动速率测定仪所用的毛细管长径比约为 4，远远小于 40，其入口效应不可忽略，入口处的流动过程中存在着一个压力降，因此由公式（2-12）计算出的剪切应力比实际作用于流体的应力大。由于实际剪切应力的减小与毛细管有效长度的延长是等价的，所以毛细管人口压力降的校正。可假想一段管长（er）加到实际的毛细管长度 L 上；用（$er+L$）作为毛细管的总长度；用Δp/（$er+L$）作为均匀的压力梯度来补偿入口端压力的较大下降，这时真实的剪切应力计算为

$$\delta_{\dot{Y}修正}=\frac{\Delta p}{2(L+er)}=\frac{1}{1+er/L}\delta_r \tag{2-15}$$

式中，r为毛细管的半径；e为与流动速率有关的经验常数。可以通过如下方法测得 e：在某一剪切速率下，测定不同长径比的标准口模（1.180 mm，2.095 mm）压力降Δp，以Δp对 L/D 作图，得一条直线，在 L/D 轴上的截距即为 e。

入口效应的校正过程比较繁琐，工作量很大。若测试数据仅用于实验对比时，可不做入口校正。

三、实验仪器与材料

仪器：电子天平（0.000 1 精度）。

XNR-400AM 熔体流动速率测定仪，其主要参数如表 2-4 所示。

表 2-4 熔体流动速率测定仪参数表

口模直径/mm	2.095 ± 0.005
口模长度/mm	8.000 ± 0.025
料筒直径/mm	9.550 ± 0.025
料筒长度/mm	152 ± 0.1

试样：聚苯乙烯粒料

四、实验步骤

该仪器负荷分 7 级，附属组件为活塞杠+砝码托盘+隔热套。

① 3.187 N（0.325 kg）： 1 号砝码+附属组件。

② 11.77 N（1.200 kg）： 1 号+2 号砝码+附属组件。

③ 21.18 N（2.160 kg）：1 号+3 号砝码+附属组件。

④ 49.03 N（5.000 kg）： 1 号+5 号砝码+附属组件。

⑤ 98.07 N（10.000 kg）：1 号+5 号+6 号砝码+附属组件。

⑥ 122.58 N（12.500 kg）：1 号+5 至 7 号砝码+附属组件。

⑦ 211.82 N（21.600 kg）：1 号至 7 号砝码+附属组件。

具体步骤。

（1）仪器安放平稳，用水平仪调节水平。

（2）将标准口模从上端放入料筒底部，并用装料杆将其压到与口模挡板接触为止。

（3）打开控制面板上的电源开关，在实验参数页设定温度至 190 °C，刮料次数设定为 7 s^{-1}，开始升温。实际温度达到设定值后，恒温 15 min。

（4）戴上手套，取出活塞杆，将事先准备好的试样 4 g 加入料筒。试样经压料杆压实后插入活塞、此操作需在 1 min 内完成。

（5）加 49.03 N 负荷，预热 4 min。如果试样的 MFR>10，在预热期间可不加或少加负荷。

（6） 当活塞杆下降到其上的下环形标记与套管的上表面相平时，按“开始”键并将取样盘放到出料口下方。

（7）保留连续切取的无气泡样条 3 ~ 5 个，冷却后，测量样条的直径，计算挤出胀大比 *B*。

（8）分别称取上述 3 ~ 5 个样条质量，取平均值，在实验主页输入平均值，按“确认”键，仪器自动计算出熔体流动速率值，并在界面主页显示出来。按“打印”键，打印实验报告。称量样条的质量，计算熔体流动速率。并测量样条的直径，计算口模胀大比 *B*。

（9）戴上手套趁热清理口模与料筒。拉出口模锁板，可使口模从料筒下端落下；用口模清理杆清理口模；料筒用料筒清理杆顶端绕棉纱布清理至内壁光洁明亮为止。

（10）重复步骤（3）～（9），测定负荷 11.77 N 时聚乙烯的熔体流动速率。

（11）关机。工具及砝码各归原位，以备下次实验使用。

五、数据处理

（1）熔体流动速率计算。

$$\mathrm{MFR} = 600\ W/T$$

式中，MFR 为熔体流动速率，0.1 g/min；W 为样条质量的算术平均值，g；T 为切样时间间隔，s。计算结果取两位有效数字。

（2）挤出胀大比 B。

$$B = D_s/D$$

式中，D_s 为挤出样条的直径，cm；D 为口模内径，cm。

（3）流动曲线的绘制。

按公式（2-12）和（2-13），由不同负荷下测定的聚苯乙烯熔体流动速率值计算出相应的剪切应力和剪切速率，并列入记录表中（见表 2-5）。在双对数坐标纸中绘制剪切应力对剪切速率的曲线。在剪切速率不大的范围内可得一条直线，该直线的斜率即为非牛顿性指数（n）。

表 2-5　数据记录

编号	负荷/kg	熔体流动速率/（0.1 g/min）	剪切应力/Pa	剪切速率/s^{-1}	表观黏度/（Pa·s）

六、思考题

（1）聚合物的分子量与其熔体流动速率有什么关系？为什么熔体流动速率不能在结构不同的聚合物之间进行比较？

（2）如何利用流动曲线分析聚合物熔体流体的类型？

（3）为什么要进行“非牛顿修正”和“入口修正”？

实验六　聚合物拉伸强度和断裂伸长率的测定

一、实验目的

（1）通过实验了解聚合物材料拉伸强度及断裂伸长率的意义，熟悉它们的测试方法。

（2）通过测试应力-应变曲线来判断不同聚合物材料的力学性能。

二、实验原理

为了评价聚合物材料的力学性能，通常用等速施力下所获得的应力-应变曲线来进行描述。这里，所谓应力是指拉伸力引起的在试样内部单位截面上产生的内力；而应变是指试样在外力作用下发生形变时，相对其原尺寸的相对形变量。不同种类聚合物有不同的应力-应变曲线。

等速条件下，无定形聚合物典型的应力-应变曲线如图 2-9 所示，其中α点为弹性极限，σ_a为弹性（比例）极限强度，ε_t为弹性极限伸长。在α点前，应力-应变服从虎克定律：$\sigma = E \cdot \varepsilon$。曲线的斜率 E 称为弹性（杨氏）模量，它反映材料的硬性。y 称屈服点，对应的$\sigma_{y'}$和 $E_{y'}$称屈服强度和屈服伸长。材料屈服后，可在 t 点处，也可在 t'点处断裂。因而视情况，材料断裂强度可大于或小于屈服强度。ε_t（或ε_t）称断裂伸长率，反映材料的延伸性。

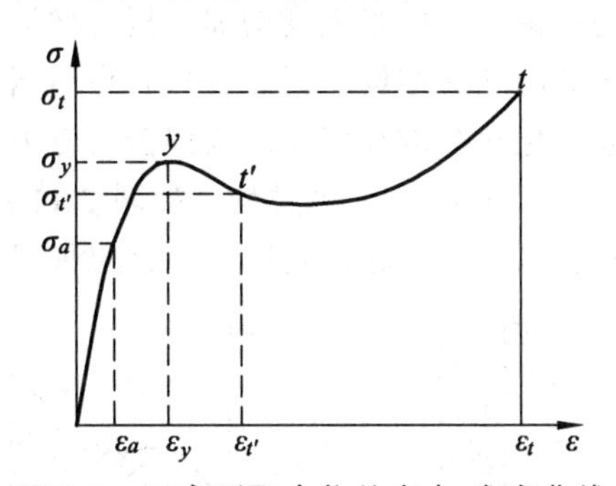

图 2-9　无定形聚合物的应力-应变曲线

从曲线的形状以及σ_t 和ε_t 的大小。可以看出材料的性能，并借以判断它的应用范围。如从σ_t 的大小，可以判断材料的强与弱；而从ε_t 的大小，更准确地讲是从曲线下的面积大小，可判断材料的脆性与韧性。从微观结构看，在外力的作用下，聚合物产生大分子链的运动，包括分子内的键长、键角变化，分子链段的运动，以及分子间的相对位移。沿力方向的整体运动（伸长）是通过上述各种运动来达到的。由键长、键角产生的形变较小（普弹形变），而链段运动和分子间的相对位移（塑性流动）产生的形变较大。材料在拉伸到破坏时，链段运动或分子位移基本上仍不能发生，或只是很小，此时材料就脆。若达到一定负荷，可以克服链段运动及分子位移所需要的能量，这些运动就能发生，形变就大，材料就韧。如果要使材料产生链段运动及分子位移所需要的负荷较大，材料就较强及硬。

结晶型聚合物的应力-应变曲线与无定形聚合物的曲线是有差异的，它的典型曲线如图2-10 所示。微晶在 c 点以后将出现取向或熔解，然后沿力场方向进行重排或重结晶，故 σ_c 称重结晶强度，它同时也是材料“屈服”的反映。从宏观上看，材料在 c 点将出现细颈，随着拉伸的进行，细颈不断发展，至 d 点细颈发展完全，然后应力继续增大至 t 点时，材料就断裂。对于结晶型聚合物，当结晶度非常高时（尤其当晶相为大的球晶时），会出现聚合物脆性断裂的特征。总之，当聚合物的结晶度增加时，模量将增加，屈服强度和断裂强度也增加，但屈服形变和断裂形变却减小。聚合物晶相的形态和尺寸对材料的性能影响也很大。同样的结晶度，如果晶相是由很大的球晶组成，则材料表现出低强度、高脆性倾向。如果晶相是由很多的微晶组成，则材料的性能有相反的特征。

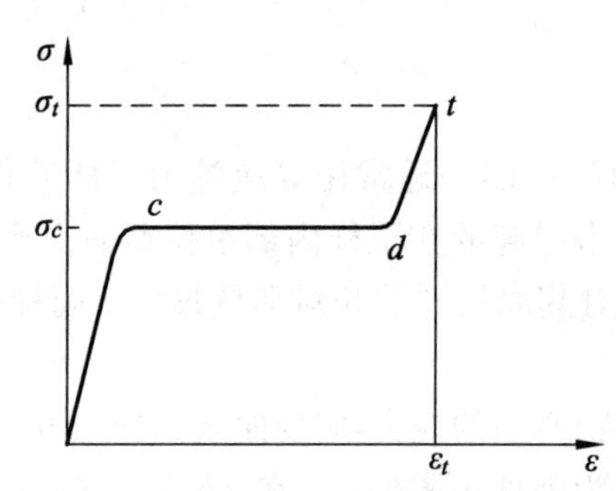

图 2-10　结晶型聚合物的应力-应变曲线

另外，聚合物分子链间的化学交联对材料的力学性能也有很大的影响，这是因为有化学交联时，聚合物分子链之间不可能发生滑移，黏流态消失。当交联密度增加时，对于玻璃化转变温度以上的橡胶态聚合物来说，其抗张强度增加，模量增加，断裂伸长率下降。交联度很高时，聚合物成为三维网状链的刚硬结构。因此，只有在适当的交联度时抗张强度才有最大值。综上所述，材料的组成、化学结构及聚态结构都会对应力与应变产生影响。归纳各种不同类聚合物的应力-应变线，主要有以下 5 种类型，如图 2-11 所示。应力-应变实验所得的数据也与温度、湿度、拉伸速度有关，因此，应规定一定的测试条件。

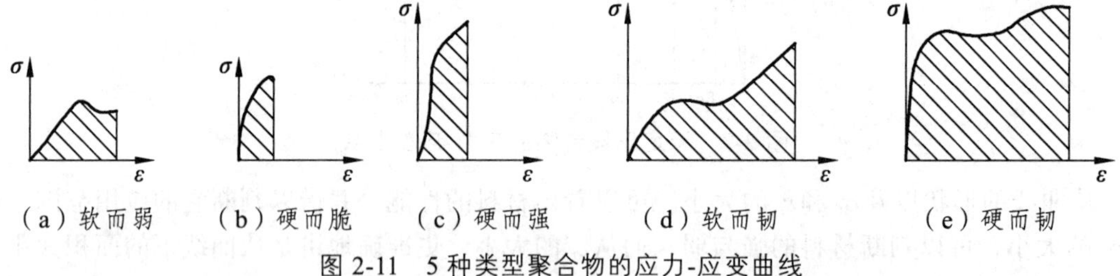

（a）软而弱　（b）硬而脆　（c）硬而强　（d）软而韧　（e）硬而韧

图 2-11　5 种类型聚合物的应力-应变曲线

三、实验仪器

采用 RGT-10 型微电子拉力机，最大测量负荷为 10 kN，拉伸速度为 0.011 ~ 500 mm/min，实验类型有拉伸、压缩、弯曲等。

四、试样制备

拉伸实验中所用的试样依据不同材料可按国家标准 GB 1040—70 加工成不同形状和尺寸。每组试样应不少于 5 个。实验前，需对试样的外观进行检查，试样应表面平整，无气泡、裂纹、分层和机械损伤等缺陷。另外，为了减小环境对试样性能的影响，应在测试前将试样在测试环境中放置一定时间，使试样与测试环境达到平衡。一般试样越厚，放置时间应越长，具体按国家标准规定。

取合格的试样进行编号，在试样中部量出 10 cm 为有效段，做好记号。在有效段均匀取 3 点，测量试样的宽度和厚度，取算术平均值。对于压制、压注、层压板及其他板材测量精确到 0.05 mm；软片测量精确到 0.01 mm；薄膜测量精确到 0.001 mm。

五、实验步骤

（1）接通试验机电源，预热 15 min。

（2）打开计算机，进入应用程序。

（3）选择实验方式（拉伸方式），将相应的参数按对话框要求输入，注意拉伸速度（拉伸速度应为使试样能在 0.5 ~ 5 min 实验时间内断裂的最低速度。本实验试样为 PET 薄膜，可采用 100 mm/min 的速度）。

（4）按上、下键将上下夹具的距离调整到 10 cm。并调整自动定位螺丝。将距离固定。记录试样的初始标线间的有效距离。

（5）将样品在上下夹具上夹牢。夹试样时，应使试样的中心线与上下夹具中心线一致。

（6）在计算机的本程序界面上将载荷和位移同时清零后，按开始按钮，此时计算机自动画出载荷-变形曲线。

（7）试样断裂时，拉伸自动停止。记录试样断裂时标线间的有效距离

（8）重复步骤（3）~（7），测量下一个试样。

（9）测量实验结束，由“文件”菜单下点击“输出报告”，在出现的对话框中选择“输出到 EXCEL”。保存该报告。

六、数据处理

（1）断裂强度σ_t的计算。

$$\sigma_t = [P/(bd)] \times 10^4$$

式中，P——最大载荷（由打印报告读出），N；

b——试样宽度，cm；

d——试样厚度，cm。

（2）断裂伸长率ε_t计算。

$$\varepsilon_t = [(L - L_0)/L_0] \times 100\%$$

式中，L_0——试样的初始标线间的有效距离；

L——试样断裂时标线间的有效距离。

把测定所得各值列入如表 2-6 所示，计算出平均值，并和计算机计算的结果进行比较。

表 2-6　实验数据记录表

编号	d/cm	b/cm	bd/cm^2	P/N	L_0/cm	L/cm	σ_t/Pa	ε_t
1								
2								
3								
4								
5								

平均σ_t =　　　　打印报告中平均σ_t' =　　　　二者偏差率 = $|\sigma_t - \sigma_t'|$ × 100%=

平均ε_t =　　　　打印报告中平均ε_t' =　　　　二者偏差率 = $|\varepsilon_t - \varepsilon_t'|$ × 100%=

注意事项：

① 为了仪器的安全，测试前应根据自己试样的长短，设置动横梁上下移动的极限；

② 夹具安装应注意上下垂直在同一平面上，防止实验过程中试样性能受到额外剪切力的影响；

③ 对于拉伸伸长很小的试样，可安装微形变测量仪测量伸长。

七、思考题

（1）如何根据聚合物材料的应力-应变曲线来判断材料的性能？

（2）在拉伸实验中，如何测定模量？

实验七　聚合物材料弯曲强度的测定

一、实验目的

（1）了解聚合物材料弯曲强度的意义和测试方法。

（2）掌握用电子拉力机测试聚合物材料弯曲性能的实验技术。

二、实验原理

弯曲是试样在弯曲应力作用下的形变行为。弯曲负载所产生的应力是压缩应力和拉伸应力的组合，其作用情况见图 2-12 所示。表征弯曲形变行为的指标有弯曲应力、弯曲强度、弯曲模量及挠度等。

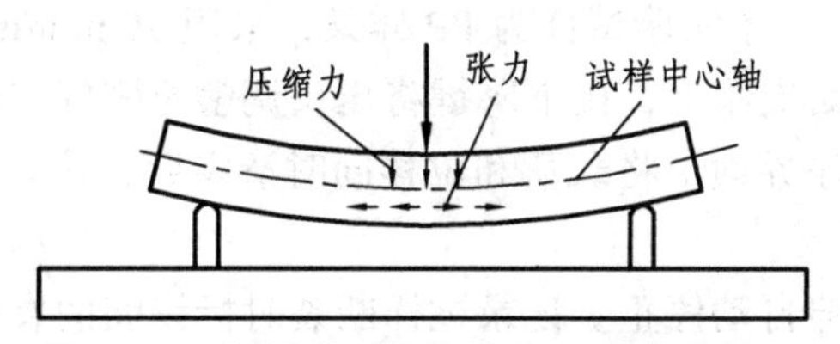

图 2-12　支梁受到力的作用而弯曲的情况

弯曲强度σ_f，是试样在弯曲负荷下破裂或达到规定挠度时能承载的最大应力，弯曲应变ε_f是试样跨度中心外表面上单元长度的微量变化，用无量纲的比值或百分数表示。挠度和应变的关系为 $s = \varepsilon_f L^2/sh$（L 为试样跨度，h 为试样厚度）。

弯曲性能测试有以下主要影响因素：

① 试样尺寸和加工。试样的厚度和宽度都与弯曲强度和挠度有关。

② 加载压头半径和支座表面半径。如果加载压头半径很小，对试样容易引起较大的剪切力而影响弯曲强度。支座表面半径会影响试样跨度的准确性。

③ 应变速率。弯曲强度与应变速率有关，应变速率较低时，其弯曲强度也偏低。

④ 实验跨度。当跨厚比增大时，各种材料均显示剪切力的降低，可见用增大跨厚比可减少剪切应力，使三点弯曲实验更接近纯弯曲。

⑤ 温度。就同一种材料来说，屈服强度受温度的影响比脆性强度的大。现行塑料弯曲性能实验的国家标准为 GB/T 9341—2000。

三、实验仪器

采用 RGT-10 型微电子拉力机，最大测量负荷 10 kN，速度 0.011 ~ 500 mm/min，实验类型有拉伸、压缩、弯曲等。

四、试样制备

弯曲实验所用试样是矩形截面的棒，可从板材、片材上切割，或由模塑加工制备加工，一般是把试样模压成所需尺寸。常用试样尺寸为(GB/T 9341—1800)长度 80 mm、宽度 10 mm；厚度 4 mm。每组试样应不少于 5 个。实验前，需对试样的外观进行检查，试样应表面应平整，无气泡、裂纹、分层和机械损伤等缺陷。另外，在测试前应将试样在测试环境中放置一定时间，使试样与测试环境达到平衡。取合格的试样进行编号，在试样中间的 1／3 跨度内任意取 3 点测量试样的宽度和厚度，取算术平均值。试样尺寸小于或等于 10 mm 的，精确到 0.02 mm；大于 10 mm 的，精确到 0.05 mm。

五、实验步骤

（1）接通试验机电源，预热 15 min。

（2）打开计算机，进入应用程序。

（3）选择实验方式（压缩方式），将相应的参数按对话框要求输入，注意压缩速度应使试样应变速率接近 0.01 min^{-1}。本实验试样为 PP 样条，采用 10 mm/min 的速度。

（4）将样品放置在样品支座上，按下降键将压头调整至刚好与试样接触。

（5）在计算机的本程序界面上将载荷和位移同时清零后，按开始按钮。此时计算机自动画出载荷-变形曲线。

（6）试样断裂时，拉伸自动停止。记录试样断裂时标线间的有效距离。

（7）重复步骤（3）~（7）操作。测量下一个试样。

（8）测量实验结束，由“文件”菜单下点击“输出报告”，在出现的对话框中选择“输出到 EXCEL”。保存该报告。

注意事项：安装压头和支座时，必须注意保持压头和支座的圆柱面轴线相平行。

六、数据处理

（1）弯曲强度σ_f的计算

$$\sigma_f = 3PL/(2bh^2)$$

式中，P——最大载荷（由打印报告读出），N；

L——跨距，mm；

b——试样宽度，mm；

h——试样厚度，mm。

（2）计算弯曲强度算术平均值、标准偏差和离散系数。

算术平均值：

$$X = \sum \frac{X_i}{n}$$

标准偏差：

$$s=\sqrt{\sum\frac{(X_i-X)^2}{n-1}}$$

离散系数：

$$C_v=\frac{S}{X}$$

式中，X_{i}——每个试样的测试值；

n——试样数。

把测定所得各值算出平均值，并和计算机计算的结果进行比较。

七、思考题

（1）试样的尺寸对测试结果有何影响？

（2）在弯曲实验中，如何测定和计算弯曲模量？

实验八　聚合物材料冲击强度的测定

一、实验目的

（1）了解高分子材料的冲击性能。

（2）掌握冲击强度的测试方法和摆锤式冲击试验机的使用。

二、实验原理

冲击强度是衡量材料韧性的一种强度指标，表征材料抵抗冲击载荷破坏的能力。通常定义为试样受冲击载荷而折断时单位面积所吸收的能量。

$$\alpha = [A/(bd)] \times 10^3$$

式中，α为冲击强度，J/cm^2；A 为冲断试样所消耗的功，J；b 为试样宽度，mm；d 试样厚度，mm。

冲击强度的测试方法很多，应用较广的有以下 3 种测试方法：

① 摆锤式冲击试验；

② 落球法冲击试验；

③ 高速拉伸试验。

本实验采用摆锤式冲击试验法。摆锤冲击试验，是将标准试样放在冲击机规定的位置上，然后让重锤自由落下冲击试样，测量摆锤冲断试样所消耗的功，根据上述公式计算试样的冲击强度。摆锤冲击试验机的基本构造有 3 部分：机架部分、摆锤冲击部分和指示系统部分。根据试样的安放方式，摆锤式冲击试验又分为简支梁型（Charpy 法）和悬臂梁型。前者试样两端固定，摆锤冲击试样的中部；后者试样一端固定，摆锤冲击自由端。如图 2-13 所示。

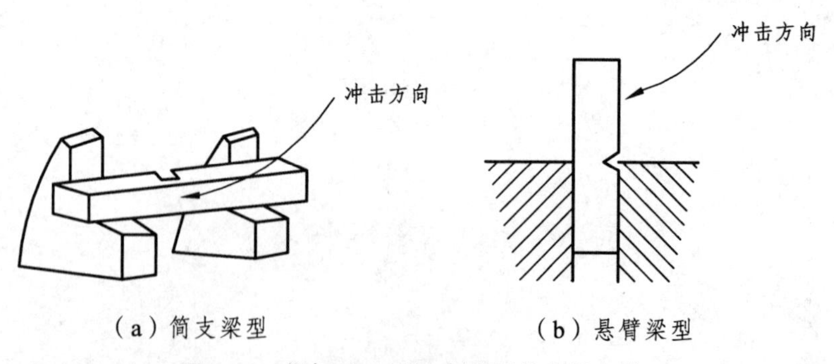

（a）简支梁型　　（b）悬臂梁型

图 2-13　摆锤冲击试验中试样的安放方式

试样可采用带缺口和无缺口两种。采用带缺口试样的目的是使缺口处试样的截面积大为减小，受冲击时，试样断裂一定发生在这一薄弱处，所有的冲击能量都能在这局部的地方被吸收，从而提高试验的准确性。

测定时的温度对冲击强度有很大影响。温度越高，分子链运动的松弛过程进行越快，冲击强度越高。相反，当温度低于脆化温度时，几乎所有的塑料都会失去抗冲击的能力。当然，结构不同的各种聚合物，其冲击强度对温度的依赖性也各不相同。湿度对有些塑料的冲击强度也有很大影响。如尼龙类塑料，特别是尼龙 6、尼龙 66 等在湿度较大时，其冲击强度更主要表现为韧性的大大增加，在绝干状态下几乎完全丧失冲击韧性。这是因为水分在尼龙中起着增塑剂和润滑剂的作用。

试样尺寸和缺口的大小和形状对测试结果也有影响。用同一种配方，同一种成型条件而厚度不同的塑料作冲击试验时，会发现不同厚度的试样在同一跨度上做冲击试验，以及相同厚度在不同跨度上试验，其所得的冲击强度均不相同，且都不能进行比较和换算。而只有用相同厚度的试样在同一跨度上试验，其结果才能相互比较，因此在标准试验方法中规定了材料的厚度和跨度。缺口半径越小，即缺口越尖锐，则应力越易集中，冲击强度就越低。因此，同一种试样，加工的缺口尺寸和形状不同，所测得冲击强度数据也不一样。这在比较强度数据时应该注意。

三、实验仪器和材料

（1）试验机。

试验机应为摆锤式，并由摆锤、试样支座、能量指示机构和机体等主要构件组成，能指示试样破坏过程中所吸收的冲击能量。

（2）摆体。

摆体是试验机的核心部分，它包括旋转轴、摆杆、摆锤和冲击刀刃等部件。旋转轴心到摆锤打击中心的距离与旋转轴心至试样中心距离应一致。两者之差不应超过后者的 ± 1%。冲击刀刃规定夹角为（30 ± 1）°。端部圆弧半径为（2.0 ± 0.5）mm。摆锤下摆时，刀刃通过两支座间的中央偏差不得超过 ± 0.2 mm，刀刃应与试样的冲击面接触。接触线应与试样长轴线相垂直，偏差不超过 ± 2°。

（3）试样支座。

为两块安装牢固的支撑块，能使试样成水平，其偏差在 1/20 以内。在冲击瞬间应能使试样打击面平行于摆锤冲击刀刃，其偏差在 1/200 以内。支撑刃前角为 5°，后角为 10 ± 1°，端部圆弧半径为 1 mm。

（4）能量指示机构。

能量指示机构包括指示度盘和指针。应对能量度盘的摩擦、风阻损失和示值误差做准确的校正。

（5）机体。

机体为刚性良好的金属框架，并牢固地固定在质量至少为所用最重摆锤质量 40 倍的基础上。本试验采用带缺口试样。试样表面应平整、无气泡、裂纹、分层和明显杂质。试样缺口处应无毛刺。

四、实验步骤

（1）测量试样中部的宽度和厚度，准确至 0.02 mm。缺口试样应测量缺口处的剩余厚度，测量时应在缺口两端各测一次，取其算术平均值。

（2）根据试样破坏时所需的能量选择摆锤，使消耗的能量在摆锤总能量的 10%~85%内。注意，若符合这一能量范围的不只一个摆锤时，应该用最大能量的摆锤。

（3）调节能量度盘指针零点，使它在摆锤处于起始位置时与主动针接触。进行空击试验，保证总摩擦损失不超过相应的数值。

（4）抬起并锁住摆锤，把试样按规定放置在两支撑块上，试样支撑面紧贴在支撑块上，使冲击刀刃对准试样中心，缺口试样刀刃对准缺口背向的中心位置。

（5）平稳释放摆锤，从度盘上读取试样吸收的冲击能量。

（6）试样无破坏的冲击值应不做取值。试样完全破坏或部分破坏的可以取值。

（7）如果同种材料可以观察到一种以上的破坏类型，须在报告中标明每种破坏类型的平均冲击值和试样破坏的百分数。不同破坏类型的结果不能进行比较。

五、实验结果及数据处理

缺口试样简支梁冲击强度 a_k，按下式计算：

$$a_k = \frac{A}{b \times d} \times 10^3$$

式中，A——缺口试样吸收的冲击能量，J；

b——试样宽度，mm；

d——缺口试样缺口处剩余厚度，mm。

六、注意事项

（1）试验过程中注意安全。在做空击和冲击试验过程中，其他人应远离冲击试验机。

（2）试样冲断后应及时捡回并观察断裂情况是否符合要求。

（3）试样无破坏的冲击值应不做取值。试样完全破坏或部分破坏的可以取值。

七、思考题

（1）影响高分子材料冲击强度测试值的因素有哪些？

（2）高分子材料冲击强度测试方法有哪些，各有什么不同？

实验九　聚甲基丙烯酸甲酯温度-形变曲线的测定

一、目的要求

（1）通过聚甲基丙烯酸甲酯温度-形变曲线的测定，了解所合成聚合物在受力情况下的形变特征。

（2）掌握温度-形变曲线的测定方法及玻璃化转变温度 T_g 的求取。

二、基本原理

当线形非晶态聚合物在等速升温条件下，受到恒定外力作用时，在不同的温度范围内表现出不同的力学行为，这是高分子链在运动单元上的宏观体现，处于不同行为的聚合物，因为提供的形变单元不同，其形变行为也不同。对于同一种聚合物材料，由于相对分子量不同，它们的温度-形变曲线也是不同的。随着聚合物相对分子质量的增加，曲线向高温方向移动。温度形变曲线的测定同样也受到各种操作因素的影响，主要是升温速率、载荷大小及样品尺寸。一般来说，升温速率增大，T_g 向高温方向移动。这是因为力学状态的转变不是热力学的相变过程，而且升温速率的变化是运动松弛所决定的。而增加载荷有利于运动过程的进行，因此 T_g 就会降低。温度-形变曲线的形态及各区域的大小，与聚合物的结构及实验条件有密切关系，测定聚合物温度-形变曲线对估计聚合物使用温度的范围，制定成型工艺条件，估计相对分子质量的大小，配合高分子材料结构研究有很重要的意义。

三、仪器与试剂

仪器：德国 XWJ-500B 型热机分析仪。试样：聚甲基丙烯酸甲酯。

四、实验步骤

（1）制样。

本实验样品为直径 4.5 mm，厚 6 mm 的圆柱形样品，所制得的样品以保证上下两个平面完全平行。

（2）压缩、针入度实验。

首先将压缩实验室放入吊筒内，把升降架探出的测温探头对正插入实验室内，把吊筒缩紧在升降试架上，保证吊筒对正高温炉体内中心孔。摇动升降手轮，使吊筒进入炉体内，锁紧升降试架。把测量杆压头穿入升降试架上方孔内，同时把传感器托片对正传感器压头，紧固在测量杆压头上。调整螺旋测微仪，恒温后放上所需砝码进行实验。一个实验做完后，松开升降试架手柄，摇动升降手轮，使吊筒提出炉外，再更换另一个试样，进行下一个实验。

（3）打开计算机，在计算机控制桌面上用鼠标左键双击 XWJ-500B 图标，进入本实验系统，此时计算机屏幕上会出现“欢迎您使用 XWJ-500B 热机分析仪”滚动显示。

（4）输入密码。

进入到用户管理界面后，用户即可对本实验操作。

① 在实验的种类“实验方法”窗口中选择本次实验的种类“压缩”。

② 在“实验尺寸”窗口中选择本次实验的试样尺寸。

③ 在“载荷选配表”窗口中选择本次实验的砝码质量并加载到实验架上。

④ 速率的设定。

根据实验方法来选择升、降温速率。升温速率：0.5 ~ 5 °C/min。降温速率：– 0.5 ~ 2 °C/min。

⑤ 根据实验的经验值设定升温的上限温度和下限温度。

⑥ 变形量的选择。

根据实验的理论值来设置变形量，其中膨胀变形的最大值为 0.5 mm。

⑦ 实验架位移传感器的调零。

当开始调零或膨胀实验调零不在零点附近时，调整实验架的位移传感器，使之在零点附近。

⑧ 当上述参数设置完成后，单击“开始实验”按钮，稍后即开始实验，开始后会出现两个界面，即温度-变形曲线和时间-温度曲线。

⑨ 打印报告。

当实验完成后，蜂鸣器报警，用户必须在“实验”菜单下选择消音按钮来解除报警。在“实验”菜单下选择“打印”按钮，即弹出打印实验报告报表，用户根据报告提示输入要求的内容，连接好打印机，选择“确定”按钮，即可打印报告和实验的变形曲线。

五、数据处理

（1）根据温度-形变曲线，求出转变温度。

（2）将所得的温度-形变曲线转换为模量-温度曲线。

六、思考题

（1）实验中影响玻璃化温度的主要因素是什么？

（2）画出高相对分子质量、低结晶聚合物的温度-形变曲线。

实验十　红外光谱法测定聚合物结构

一、目的要求

（1）掌握 FT-IR 仪器的使用方法。

（2）掌握红外光谱法鉴定化合物的方法和基本原理。

（3）掌握样品制备的方法。

二、基本原理

红外光谱与有机化合物、高分子化合物的结构之间存在密切的关系，它是研究结构与性能关系的基本手段之一。红外光谱分析具有速度快、取样微、高灵敏并能分析各种状态的样品等特点，广泛应用于高聚物领域，如对高聚物材料的定性定量分析，研究高聚物的序列分布，研究支化程度，研究高聚物的聚集形态结构，高聚物的聚合过程反应机理和老化，还可以对高聚物的力学性能进行研究。

红外光谱属于振动光谱，其光谱区域可进一步细分为近红外区（12 800 ~ 4 000 cm^{-1}）、中红外区（4 000 ~ 200 cm^{-1}）和远红外区（200 ~ 10 cm^{-1}）。其中最常用的是 4 000 ~ 400 cm^{-1}，大多数化合物的化学键振动能的跃迁发生在这一区域。

在分子中存在着许多不同类型的振动，其振动与原子数有关。含 N 个原子的分子有 3 N 个自由度，除去分子的平动和转动自由度外，振动自由度应为 $3N$-6（线性分子是 $3N$-5）。这些振动可分为两类：一类是原子沿键轴方向伸缩使键长发生变化的振动，称为伸缩振动，用υ表示。这种振动又分为对称伸缩振动（υ_s）和不对称伸缩振动（υ_{as}）。另一类是原子垂直键轴方向振动，此类振动会引起分子的内键角发生变化，称为弯曲（或变形）振动，用δ表示，这种振动又分为面内弯曲振动（包括平面及剪式两种振动），面外弯曲振动（包括非平面摇摆及弯曲摇摆两种振动）。

在原子或分子中有多种振动形式，每一种简谐振动都对应一定的振动频率，但并不是每一种振动都会和红外辐射发生相互作用而产生红外吸收光谱，只有能引起分子偶极矩变化的振动（称为红外活动振动）才能产生红外吸收光谱。即当分子振动引起分子偶极矩变化时，就能形成稳定的交变电场，其频率与分子振动频率相同，可以和相同频率的红外辐射发生相互作用，使分子吸收红外辐射的能量跃迁到高能态，从而产生红外吸收光谱。

在正常情况下，这些具有红外活动的分子振动大多数处于基态，被红外辐射激发后，跃迁到第一激发态，这种跃迁所产生的红外吸收成为基频吸收。在红外光谱中大部分吸收都属于这一类型。除基频吸收外还有倍频和合频吸收，但这两种吸收都较弱。

红外吸收谱带的强度与分子数有关，但也与分子振动时偶极矩变化有关。变化率越大，吸收强度也越大，因此极性基团如羧基、氨基等均有很强的红外吸收带。

按照光谱和分子结构的特征可将整个红外光谱大致分为两个区，即官能团区（4 000 ~ 1 300 cm^{-1}）和指纹区（1 300 ~ 400 cm^{-1}）。官能团区，即前面讲到的化学键和基团的特征振动频率区，它的吸收光谱很复杂，特别能反映分子中特征基团的振动，基团的鉴定工作主要在该区进行。指纹区的吸收光谱很复杂，特别能反映分子结构的细微变化，每种化合物在该区的谱带位置、强度和形状都不一样，相当于人的指纹，用于认证化合物是很可靠的。此外，在指纹区也有一些特征吸收峰，对于鉴定官能团也是很有帮助的。

利用红外光谱鉴定化合物的结构，需要熟悉红外光谱区域基团和频率的关系。通常将红外区分为 4 个区。下面对各个光谱区域作介绍。

（1）频率为 4 000 ~ 2 500 cm^{-1} 是 X—H 伸缩振动区（X 代表 C，O，N，S 等原子），O—H 的吸收出现在 3 600 ~ 2 500 cm^{-1}。游离氢键的羟基在 3 600 cm^{-1} 附近，为中等强度的尖峰。形成氢键后键力常数减小，移向低波数，因此产生宽而强的吸收。一般羧酸羟基的吸收频率低于醇和酚，可从 3 600 cm^{-1} 移至 2 500 cm^{-1}，并为宽而强的吸收。需要注意的是，水分子在 3 300 cm^{-1} 附近有吸收。样品或用于压片的溴化钾晶体含有微量水分时会在该处出峰。C—H 吸收出现在 3 000 cm^{-1} 附近。不饱和的 C—H 在大于 3 000 cm^{-1} 处出峰，饱和的 C—H 出现在小于 3 000 cm^{-1} 处。—CH_3 有两个明显的吸收带，出现在 2 962 cm^{-1} 和 2 872 cm^{-1} 处。前者对应于反对称伸缩振动，后者对应于对称伸缩振动。分子中甲基数目多时，上述位置呈现强吸收峰。—CH_2 的反对称伸缩和对称伸缩振动分别出现在 2 926 cm^{-1} 和 2 853 cm^{-1} 处。脂肪族以及无扭曲的脂环族化合物的这两个吸收带的位置变化在 10 cm^{-1} 以内。一部分扭曲的脂环族化合物其—CH_2 吸收频率增大。

N—H 吸收出现在 3 500 ~ 3 300 cm^{-1}，为中等强度的尖峰。伯胺基因有两个 N—H 键，具有对称和反对称伸缩振动，因此有两个吸收峰。仲胺基有一个吸收峰，叔胺基无吸收。

（2）频率在 2 500 ~ 2 000 cm^{-1} 为叁键和累积双键区。该区红外谱带较少，主要包括等叁键的伸缩振动和—C═C═C，—N═C═O 等累积双键的反对称伸缩振动。CO_2 的吸收在 2 300 cm^{-1} 左右。除此之外，此区间的任何小的吸收峰都提供了结构信息。

（3）频率在 2 000 ~ 1 500 cm^{-1} 为双键伸缩振动区。该区主要包括 C═O，C═C，C═NC，N═O 等的伸缩振动以及苯环的骨架振动，芳香族化合物的倍频谱带。

羰基的吸收一般为最强峰或次强峰，出现在 1 760 ~ 1 690 cm^{-1} 内，受与羰基相连的基团影响，会移向高波数或低波数。

芳香族化合物环内碳原子间伸缩振动引起的环的骨架振动有特征吸收，分别出现在 1 600 ~ 1 585 cm^{-1} 及 1 500 ~ 1 400 cm^{-1}。因环上取代基的不同吸收峰有所差异，一般出现两个吸收峰。杂芳环和芳香单环、多环化合物的骨架振动相似。

烯烃类化合物的 C═C 振动出现在 1 667 ~ 1 640 cm^{-1}，为中等强度或弱的吸收峰。

（4）频率在 1 500 ~ 1 300 cm^{-1} 为 C—H 弯曲振动区。CH_3 在 1 375 cm^{-1} 和 1 450 cm^{-1} 附近同时有吸收，分别对应于 CH_3 的对称弯曲振动和反对称弯曲振动。CH_2 的剪式弯曲振动 1 450 cm^{-1} 的吸收峰一般与 CH_2 的剪式弯曲振动峰重合。但戊酮-3 的两组峰区分的很好，这是由于 CH_2 与羰基相连，其剪式弯曲吸收带移向 1 439 ~ 1 399 cm^{-1} 的低波数并且强度增大之故。CH_2 的剪式弯曲振动出现在 1 465 cm^{-1}，吸收峰位几乎不变。两个甲基连在同一碳原子上的偕二甲基有特征吸收峰。如异丙基$(CH_3)_2CH$—在 1 385 ~ 1 380 cm^{-1} 和 1 370 ~ 1 365 cm^{-1} 有两个不同强度的吸收峰（即原 1 375 cm^{-1} 的吸收峰分叉）。叔丁基$(CH_3)_3C$—1 375 cm^{-1} 的吸收峰也分叉（1 395 ~ 1 385 cm^{-1} 和 1 370 cm^{-1} 附近），但低波数的吸收峰强度大于高波数的吸收峰。分叉的原因在于两个甲基同时连在同一碳原子，因此有同位相和反位相的调查弯曲振动的相互耦合。

（5）频率在 1 500 ~ 910 cm^{-1} 为单键伸缩振动区。C—O 单键振动在 1 300 ~ 1 050 cm^{-1}，如醇、酚、醚、羧酸、酯等为强吸收峰。醇在 1 100 ~ 1 050 cm^{-1} 有强吸收峰，酚在 1 250 ~ 1 100 cm^{-1} 有强吸收；酯在此区间有两组吸收峰，为 1 240 ~ 1 160 cm^{-1}（反对称）和 1 160 ~ 1 050 cm^{-1}（对称）。C—C，C—X（卤素）等也在此区间出峰。此区域的吸收峰与其他区间的吸收峰一起对照，在谱图解析时很有用。

（6）频率在 910 cm^{-1} 以下为苯环面外弯曲振动、环弯曲振动区。如果在此区间内无强吸收峰，一般表示无芳香族化合物。此区域的吸收峰常常与环的取代位置有关。

键力常数大的（如 C═C）、折合质量小的（如 X—H）基团都在高波数区；反之键力常数小的（如单键）、折合质量大的（如 C—Cl）基团都在低波数区。

三、仪器与试剂

FT-IR 光谱仪，聚苯胺粉末，聚苯乙烯薄膜，红外压片机。

四、实验步骤

（1）实验前，先打开计算机工作站，然后打开红外光谱仪。预热 20 min。

（2）制备测试试样。

① 溶液制膜。将聚合物样品溶于适当的溶剂中，然后均匀地浇涂在溴化钾片或洁净的载玻片上，待溶剂挥发后，形成的薄膜可以用手或刀片剥离后进行测试。若在溴化钾或氯化钠晶片上成膜，则不必揭下薄膜，可以直接测试。成膜在玻璃片上的样品若不易剥离，可连同玻璃片一起浸入蒸馏水中，待水把样品润湿后，就容易剥离了，样品薄膜需要彻底干燥方可进行测试。

② 薄膜法。将样品放入压模中加热软化，液压成片，如果是交联及含无机填料较高的聚合物，可以用裂解法制样，将样品置于丙酮、氯仿为 1∶1 混合的溶液中抽提 8 h，放入试管中裂解，取出试管壁液珠涂片。

③ 溴化钾压片法。适用于不溶或脆性放入树脂，如橡胶或粉末状样品。分别取 1 ~ 2 mg 的样品和 20 ~ 30 mg 干燥的溴化钾晶体，于玛瑙研钵中研磨成粒度约 2 μm 且混合均匀的细粉末，装入模具内，在油压机上压制成片测试。如遇对压片有特殊要求的样品，可用氯化钾晶体替代溴化钾晶体进行压片。

除以上三种主要的制样方法外，还有切片法、溶液法、石蜡糊法等。

（3）放置样片。打开红外光谱的电源，待其稳定后（30 min），把制备好的样品放入样品架，然后放入仪器样品室的固定位置。

（4）按仪器的操作规程测试。

运行光谱仪程序，浸入操作软件界面设定各种参数，进行测定，具体步骤如下。

① 运行程序。

② 参数设置。打开参数设置对话框，选取适当方法、测量范围、存盘路径、扫描次数和分辨率。

③ 测试。参数设置完成后，进行背景扫描，然后将样品固定在样品夹上，放入样品室，开始样品扫描。

④ 谱图分析。处理文件如基线拉平、曲线平滑、取峰值等。

⑤ 结果分析。根据被测基团的红外特征吸收谱带的出现，来确定该基团的存在。

五、数据处理

（1）解析红外光谱，要注意吸收峰的位置、强度和峰形。

（2）将试样谱图与文献谱图对照或根据所提供的结构信息，初步确定产物的主要官能团。

六、思考题

（1）阐述红外光谱法的特点和产生红外吸收的条件。

（2）样品的用量对检测精度有无影响？

（3）溴化钾压片制样过程中应注意哪些事项？

实验十一　聚合物的差示扫描量热分析

一、实验目的

（1）了解差示扫描量热（DSC）的工作原理及其在聚合物研究中的应用。

（2）初步学会使用DSC仪器测定高聚物的操作技术。

（3）学会用差示扫描量热法定性和定量分析聚合物的熔点、沸点、玻璃化转变、比热、结晶温度、结晶度、纯度、反应温度、反应热。

二、实验原理

差示扫描量热法（DSC，Differential Scanning Calorimetry）是在程序温度控制下，测量试样与参比物之间单位时间内能量差（或功率差）随温度变化的一种技术。它是在差热分析（DTA， Differential Thermal Analysis）的基础上发展而来的一种热分析技术，DSC在定量分析方面比DTA要好，能直接从DSC曲线上峰形面积得到试样的放热量和吸热量。

差示扫描量热仪可分为功率补偿型和热流型两种，两者的最大差别在于结构设计原理上的不同。在一般实验条件下，都选用的是功率补偿型差示扫描量热仪。仪器有两只相对独立的测量池，其加热炉中分别装有测试样品和参比物，这两个加热炉具有相同的热容及导热参数，并按相同的温度程序扫描。参比物在所选定的扫描温度范围内不具有任何热效应。因此在测试的过程中记录下的热效应就是由样品的变化引起的。当样品发生放热或吸热变化时，系统将自动调整两个加热炉的加热功率，以补偿样品所发生的热量改变，使样品和参比物的温度始终保持相同，使系统始终处于“热零位”状态，这就是功率补偿DSC仪的工作原理，即“热零位平衡”原理。如图2-14所示为功率补偿式DSC示意图。

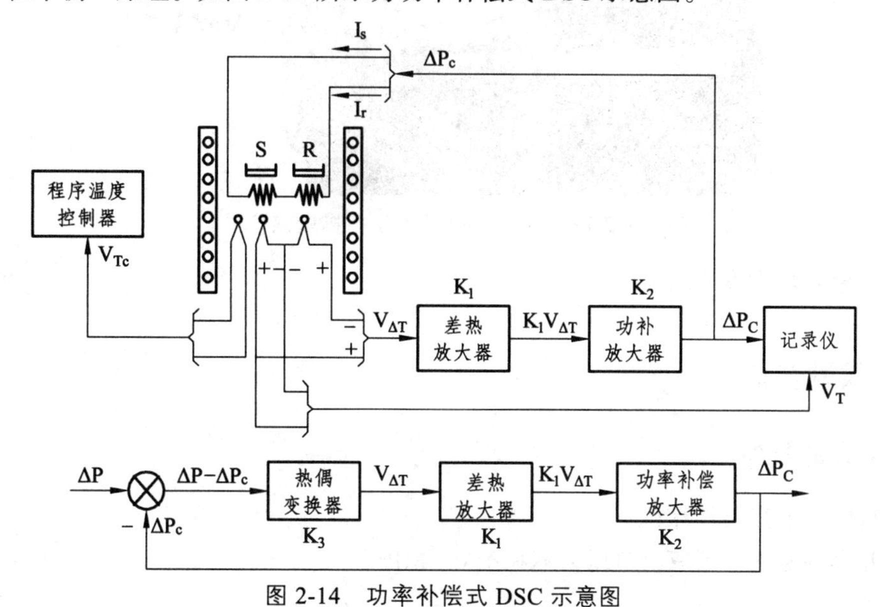

图2-14　功率补偿式DSC示意图

随着高分子科学的迅速发展，高分子已成为DSC最主要的应用领域之一，当物质发生物理状态的变化（结晶、溶解等）或起化学反应（固化、聚合等），同时会有热学性能（热焓、比热等）的变化，采用DSC测定热学性能的变化，就可以研究物质的物理或化学变化过程。在聚合物研究领域，DSC技术应用得非常广泛，主要有① 研究相转变过程，测定结晶温度T_c、熔点T_m、结晶度X_c、等温、非等温结晶动力学参数。② 测定玻璃化温度T_g。③ 研究固化、交联、氧化、分解、聚合等过程，测定相对应的温度热效应、动力学参数。例如研究玻璃化转变过程、结晶过程（包括等温结晶和非等温结晶过程）、熔融过程、共混体系的相容性、固化反应过程等。对于高分子材料的熔融与玻璃化测试，在以相同的升降温速率进行了第一次升温与冷却实验后，再以相同的升温速率进行第二次测试，往往有助于消除历史效应（冷却历史、应力历史、形态历史）对曲线的干扰，并有助于不同样品间的比较（使其拥有相同的热机械历史）。

三、实验仪器和试剂

仪器：差示扫描量热仪（DSC 2500，美国TA公司生产，见图2-15），电子天平（精度：0.001 g），α-Al_2O_3，环氧树脂和铟，标准铝盘或坩埚（封装样品用）。

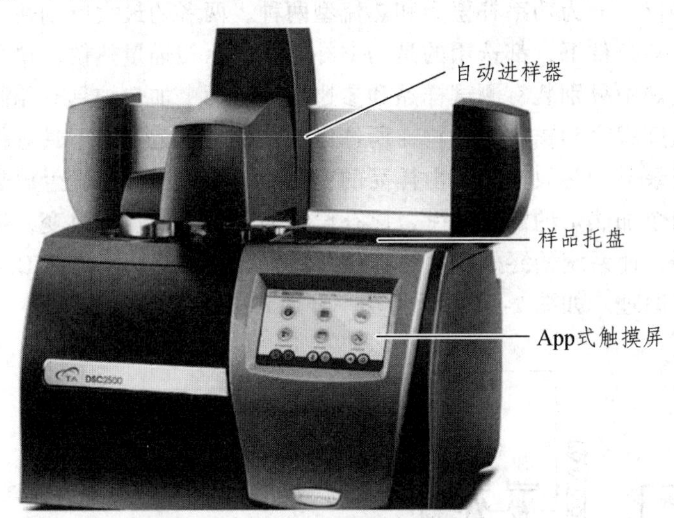

图2-15　DSC2500型差示扫描量热仪

试样：聚乙烯或聚苯乙烯。

四、实验步骤

（一）开机顺序

（1）打开仪器控制计算机。

（2）开高纯氮气，钢瓶出口压力不高于0.1 MPa。

（3）打开 DSC 电源，开关在仪器背面右下方。开机完成后，仪器前的液晶显示屏去到待机界面。

（4）运行 TRIOS，在弹出的仪器浏览器中点选仪器图标，然后点击 Connect;如果配置了机械制冷 RCS，在 RCS 面板将控制模式打到 Event，开启 RCS 电源开关。

（5） 启动 RCS：打开 TRIOS 软件，其 Controls 按钮是用来打开/关闭 Control Panel 的。软件的 Control Panel 打开后，其中的 General 下可控制 RCS 制冷的开/关。打开后，可听到压缩机启动的声音，当 RCS 面板右上角的制冷指示灯亮时，表示 RCS 开始给仪器制冷。在软件 Signals 里面找到 Flange temperature，法兰温度开始降温，表示制冷正常工作。

（二）样品测定

（1）确定样品在高、低温下无强氧化性、还原性，选择适用的坩埚，将样品称重后平整放入（以不超过 1/3 容积约 10 mg 为好，注意坩埚不能全密封）。

（2）达到预定温度后，打开测量单元炉盖，在左边传感器上放入空的参比坩埚，右边放上装好样的样品坩埚（坩埚类型要一致）。

（3）打开 DSC2500 对应的测量软件，待自检通过后，先检查仪器的设置状况，即确认坩埚的类型、是否采用机械冷却来限制温度范围，之后新建一个样品测量文件，根据测试样品要求，选择合适的升温速率及升温程序控制方式（升温、循环、冷却），确认后执行程序开始测量。

（4）程序正常结束后会自动存储，可打开分析软件包（或在测试中运行实时分析）对结果进行数据处理，处理完后可保存为另一种类型的文件。

（三）关机顺序

（1）在控制软件的 Control Panel 中，关闭 RCS 制冷机。

（2）观察 Signals 信号栏里的 Flange temperature,当该温度升高到室温左右时，即可关机：点击 TRIOS 控制软件左上角的带有 TA 标志的图标，在其中选择关闭仪器。

（3）待关机完成后，关闭仪器后面电源；关闭气体和控制计算机。

五、注意事项

（1）样品用量为 5 ~ 10 mg，不宜过多，以免导致峰形扩大和分辨率下降。

（2）样品的颗粒应尽可能小，并且样品应尽可能增大与坩埚底部的接触面积，以获得较为精确的峰温。

（3）坩埚盖上要扎一个小孔，防止有些聚合物高温分级放出气体引起爆炸。

（4）温度设定时必须设置保护装置温度。

（5）温度低于 200 °C 前，不能完全打开测试装置来加速冷却。

六、思考与讨论

（1）对于高分子材料的玻璃化测试，为什么要进行第二次升温？

（2）讨论：误差可能的原因有哪些？

实验十二　用旋转黏度计测定聚合物浓溶液的流动曲线

一、实验目的

（1）学会使用 NDJ-79 型旋转黏度计。

（2）计算恒温条件下，当剪切速率变化时被测流体黏度值，并绘制流体的流动曲线。

（3）求出流动幂律指数 n 和稠度系数 K，并根据流动幂律指数 n 判定所测流体性质。

二、基本原理

取相距为 $\mathrm{d}y$ 的两薄层流体，下层静止，上层有一剪切力 F，使其产生速度差 $\mathrm{d}u$。由于流体间有内摩擦力影响，使下层流体的流速比紧贴的上一层流体的流速稍慢一些，至静止面处流体的速度为零，其流速变化呈线性。这样，在运动和静止面之间形成速度梯度 $\mathrm{d}u/\mathrm{d}y$，也称之为剪切速率。在稳态下，施于运动面上的力 F，必然与流体内因黏性而产生的内摩擦力相平衡，据牛顿黏性定律，施于运动面上的剪切应力σ与速度梯度 $\mathrm{d}u/\mathrm{d}y$ 成正比，即

$$\sigma = F/A = \eta\mathrm{d}u/\mathrm{d}y = \eta\gamma$$

式中，η为黏性系数，又称为黏度；$\mathrm{d}u/\mathrm{d}y$ 为剪切速率，用γ表示，以剪切应力对剪切速率作图，所得的图形称为剪切流动曲线，简称流动曲线。

（1）牛顿流体的流动曲线是通过坐标原点的一条直线。其斜率即为黏度，即牛顿流体的剪切应力与剪切速率之间的关系完全服从于牛顿黏性定律，水、酒精、醇类、酯类、油类等均属于牛顿流体。

（2）凡是流动曲线不是直线或虽为直线但不通过坐标轴原点的流体，都称之为非牛顿流体。此时黏度随剪切速率的改变而改变，这时将黏度称为表观黏度，用η_a表示。聚合物浓溶液、熔融体、悬浮体、浆状液等大多属于此类。聚合物流体多数属于非牛顿流体，它们与牛顿流体的确有不同的流动特性，两者的动量传递特性也有所差别。进而影响到热量传递、质量传递及反应结果。对于某些聚合物的浓溶液通常用幂律定律来描述它的黏弹性，即

$$\sigma = k\gamma^n$$

式中，n 为流动幂律指数；k 为稠变系数（常数）。

表观黏度又可表示为

$$\eta_a = k\gamma^{n-1},$$

幂律定律在表征流体的黏弹性上的优点是通过 n 值的大小来判定流体的性质。$n>1$ 为胀塑性流体；$n<1$ 为假塑性流体；$n = 1$ 为牛顿流体。几种流体可以用如图 2-16 所示的曲线表示。将$\sigma = k\gamma^n$取对数得

$$\lg\sigma = \lg k + n\lg\gamma$$

用 $\lg\sigma$ 对 $\lg\gamma$ 作图得一条直线，n 值及 k 值即可定量求出。

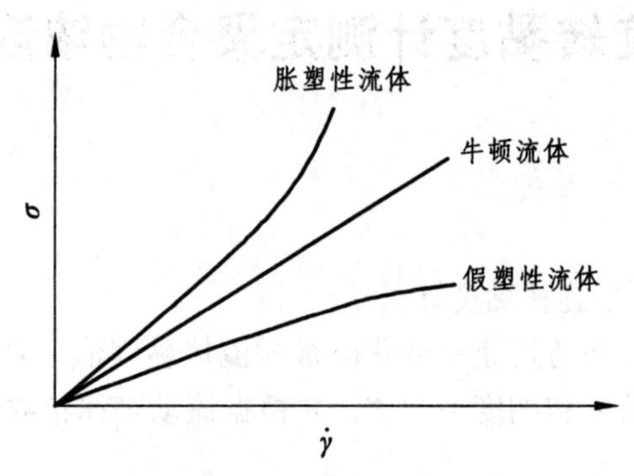

图 2-16　几种典型的流变曲线

三、仪器与样品

仪器：NDJ-79 型旋转黏度计。
样品：聚乙烯醇浓溶液；硅油。

四、实验步骤

（1）将黏度计放置平稳后接通电源，空载调零。
（2）将被测溶液小心地倒入测试容器，直至液体能完全浸没转子为止。
（3）将测试器放在仪器托架上，并将转筒悬于仪器联轴挂钩上。
（4）打开测试旋钮，待指针稳定后开始读数。
（5）关闭测试旋钮，取下转筒，换上另一个，重复步骤（2）~（4）操作。
（6）测试完毕，切断电源，洗干净转筒容器。

五、数据处理

（1）准确完整记录实验数据列入如表 2-7 所示中。

表 2-7　实验报告记录表

项目	Ⅰ号转筒	Ⅱ号转筒	Ⅲ号转筒	项目	Ⅰ号转筒	Ⅱ号转筒	Ⅲ号转筒
剪切速率/s^{-1}	2000	350	175	$\lg\sigma$			
黏度计常数	1	10	100	$\lg\sigma$			
黏度计读数				$\lg\gamma$			
η/P							

（2）计算出剪切速率下的σ值。

（3）画出 $\lg\sigma$-$\lg\gamma$的流动曲线。

（4）求出 n 和 k 值。

（5）讨论试样属于何种流体。

六、思考题

（1）牛顿流体与非牛顿流体的主要区别是什么?

（2）浓溶液的浓度对测量结果有什么影响?

实验十三　聚合物应力-应变曲线的测定

一、实验目的

（1）了解高聚物在室温下应力-应变曲线的特点。并掌握测试方法。
（2）了解加荷速度对实验的影响。
（3）了解电子拉力实验机的使用。

二、实验原理

应力-应变实验通常是在张力下进行，即将试样等速拉伸，并同时测定试样所受的应力和形变值，直至试样断裂。

应力是试样单位面积上所受到的力，可按下式计算

$$\sigma_t = \frac{P}{bd}$$

式中，P 为最大载荷、断裂负荷、屈服负荷；b 为试样宽度，m；d 为试样厚度，m。

应变是试样受力后发生的相对变形，可按下式计算

$$\varepsilon_t = \frac{I - I_0}{I_0} \times 100\%$$

式中，I_0 为试样原始标线距离，m；I 为试样断裂时标线距离，m。应力-应变曲线是从曲线的初始直线部分，按下式计算弹性模量 E：

$$E = \frac{\sigma}{\varepsilon}$$

式中，σ为应力；ε为应变。

在等速拉伸时，无定形高聚物的典型应力-应变曲线如图 2-17 所示。

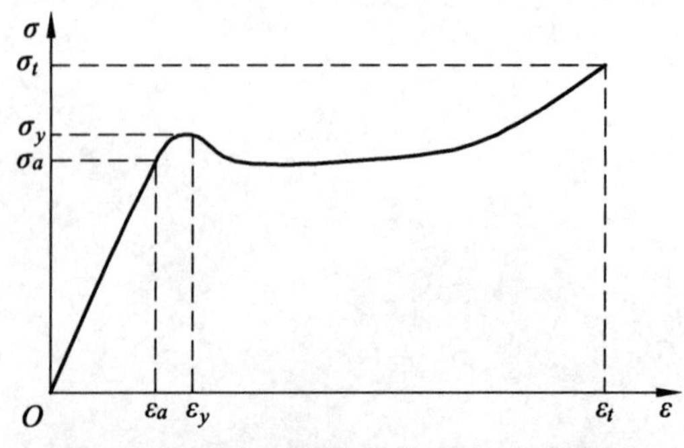

图 2-17　无定形高聚物的应力-应变曲线

a 点为弹性极限，σ_a 为弹性（比例）极限强度，ε_a 为弹性极限伸长率。由 0 到 a 点为一直线，应力-应变关系遵循虎克定律 $\sigma = E\varepsilon$，直线斜率 E 称为弹性（杨氏模量）。y 点为屈服点，对应的 σ_y 和 ε_y 称为屈服强度和屈服伸长率。材料屈服后可在 t 点处断裂，σ_t、ε_t 为材料的断裂强度、断裂伸长率。如图 2-17 所示材料的断裂强度可大于或小于屈服强度，视不同材料而定。从 σ_t 的大小，可以判断材料的强与弱，而从 ε_t 的大小（从曲线面积的大小）可以判断材料的脆与韧。

晶态高聚物材料的应力-应变曲线如图 2-18 所示。

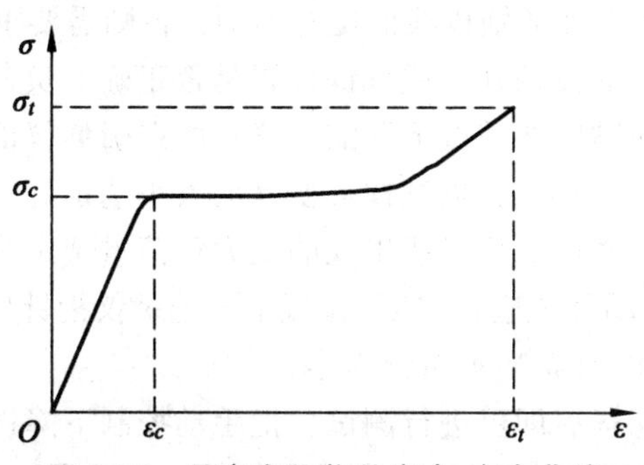

图 2-17　晶态高聚物的应力-应变曲线

在 c 点以后出现微晶的取向和熔解，然后沿力场方向重排或重结晶，故 σ_c 称重结晶强度。从宏观上看，在 c 点材料出现细颈，随拉伸的进行，细颈不断发展，到细颈发展完全后，应力才继续增大到 t 点断裂。

由于高聚物材料的力学实验受环境湿度和拉伸速度的影响，因此必须在广泛的温度和速度范围内进行。工程上，一般是在规定的湿度、速度下进行，以便比较。

三、仪器及原料

仪器：国产电子拉力试验机，哑铃形样条冲样机，千分尺（0 ~ 25 mm），游标卡尺（0 ~ 100 mm），

样品：厚度为（0.4 ~ 0.6 mm）的纯聚丙烯片材。

选定两种不同的拉伸速度，每个速度至少做 5 个试样，将每个试样的负荷-形变曲线按试样编号记录在拉伸试样纸上。实验中注意观察试样伸长及断裂的情况，如果是在标距内断裂则实验作废。

四、实验步骤

电子拉力试验机的操作按下列步骤进行。

（1）打开所以电源开关使整机预热，首先打开面板上的总电源开关，调速电源开关，负荷放大单元电源开关，计算机开关以及必要时打开过负荷，断裂检测单元电源开关等。

（2）检查可动横梁各速度控制是否可靠，如上升、下降、快速上升和下降、停，以及限位块自动停车等。

（3）调校标定，根据说选定的传感器和引伸仪进行 X 轴形变值和 Y 轴负荷值零到满度的标定。

（4）夹好试样。操作手动控制开关使可动横梁移动到上下夹正好试样而不受刀的位置，把面板上的零键按下使传感器与记录仪图标出现，把试样夹在头上，把引伸仪两夹子在试样标线上，装好试样。

（5）核对校线。选定一种传感器标定好的设备，所打的标定校线在实验前后完全重合，所以在实验前后要核对一下校线值，确定实验结果的准确可靠性。把面板的校键按下衰减挡打到 100，记录仪指针应上升到 Y 轴校线值位置不动，否则需要重新进行标定。

（6）测试前检查面板上的拨动开关或按键位置是否正确。负荷测量单元面板上的调测拨动开关应拨在侧的一边；测键应在“按下”的位置；所选引伸仪面板上的拨动开关应拨到所选引伸仪的位置“滑线”（或差动）；据试样形变量的大小选定好量程挡。传感器选择旋钮和键应于所选用传感器一致，并据试样可能出现的最大负荷量选定其传感器的衰减倍率。记录仪 X（形变）-T（低速）拨动开关应在“X”位置上，记录仪指针应指零，若不为零可用记录仪 X 轴旋钮回到零点，用 R 细调 Y 轴指针为零。

（7）拉伸测试。检查完毕后即可进行测试，把手动控制下降键按下，可动横梁下移拉伸开始，记录仪上自动会出负荷-形变曲线。当试样断裂后立即按下停键。

（8）实验结束后，重新校线值完全重合，说明设备正常数据可靠，可将所用电源开关全部关闭。

五、数据处理分析

将实验结果记录于如表 2-8 所示中。

表 2-8 实验报告记录表

试样原始标距（G）/mm	断裂伸长率/%	拉伸强度/MPa	拉伸屈服应力/MPa	拉伸断裂应力/MPa	最大力/MPa

（1）根据负荷-形变曲线找出屈服负荷 P_y、断裂负荷 P_b 和相应的形变值ΔL_y和 L_b 填入表格内，并计算出它们相应的应力值δ、σ_b 和相应的伸长率ε_y、ε_b。

（2）根据同一速度下的 5 个试样的应力和应变值，求其平均值，绘制不同速度下的应力-应变曲线，并计算出弹性模量 E，比较说明速度对应应力-形变曲线的影响。

六、思考题

拉伸速度对实验结果有何影响？

实验十四　GPC 法测定聚合物的分子量及分子量分布

一、实验目的

（1）了解凝胶渗透色谱法（GPC）的基本原理。
（2）掌握 GPC 法测定聚合物的分子量及分子量分布的实验技术。
（3）初步掌握 Waters 1515-2414 型凝胶渗透色谱的进样、数据处理等基本操作。

二、实验原理

GPC 的工作原理有各种说法，比较流行的是体积排除理论，因此 GPC 技术又被赋予另一个名字——体积排除色谱（Size Exclusion Chromatography，SEC）。

GPC 法分离聚合物与沉淀分级法或溶解分解法不同。聚合物分子在溶液中依据其分子链的柔性及聚合物分子与溶剂的相互作用，可取无规线团、棒状或球体等各种构象，其尺寸大小与其分子量大小有关。GPC 法是利用不同尺寸的聚合物分子在多孔填料中孔内外分布不同而进行分离分级，而沉淀分级法或溶解分级法是依据溶解度与聚合物的分子量相关性分级。

在 GPC 分离的核心部件色谱柱内装有多孔性填料（称为凝胶或多孔微球），其孔径大小有一定的分布，并与待分离的聚合物分子尺寸可相比拟。当被分析的样品随着淋洗溶剂（流动相）进入色谱柱后，体积很大的分子不能渗透到凝胶空穴中而受到排阻，最先流出色谱柱；中等体积的分子可以渗透凝胶的一些大孔，而不能进入小孔，产生部分渗透作用，比体积大的分子流出色谱柱的时间稍后；较小的分子能全部渗入凝胶内部的孔穴中，而最后流出色谱柱。因此，聚合物淋出体积与其分子量有关，分子量越大，淋出体积越小。

色谱柱的总体积 V_t 包括三部分

$$V_t = V_g + V_0 + V_i$$

式中，V_g 为填料的骨架体积；V_0 为填料微粒紧密堆积后的粒间空隙；V_i 为填料孔洞的体积；（$V_0 + V_i$）是聚合物分子可利用的空间。由于聚合物分子在填料孔内、外分布不同，故实际可利用的空间为

$$V = V_0 + K V_i$$

式中，K 为分布系数，$0 \leqslant K \leqslant 1$，与聚合物分子尺寸大小和在填料孔内、外的浓度比有关。当聚合物分子完全排除时，$K = 0$；在完全渗透时，$K = 1$。尺寸大小（分子量）不同的分子有不同的 K 值，因此又不同的淋出体积 V_e。当 $K = 0$ 时，$V_e = V_0$，此处所对应的聚合物分子量，是该色谱柱的渗透极限（PL），聚合物分子量超过 PL 值时，只能在 V_0 以前被淋洗出来，没有分离效果。实验表明，聚合物分子尺寸（常以等效球体半径表示）与分子量有关，淋出体积与分子量可以表示为

$$V_e = f(\lg M)$$

这一函数关系通常可展开为一个多项式的校正方程

$$\lg M = a_0 + a_1 V_e + a_2 V_e^2 + \cdots$$

通常用一个线性方程表示色谱柱可分离的线性标定。

通过使用一组单分散性分子量不同的试样作为标准样品，分别测定它们的淋出体积 V_e 和分子量，作 $\lg M$ 对 V_e 直线，可求得特性常数 A 和 B。这一直线就是 GPC 的校正曲线。待测聚合物被淋洗通过 GPC 柱时，根据其淋出体积，就可从校正曲线上算得相应的分子量。

三、仪器和试剂

（1）仪器：

Waters 1515 型凝胶色谱仪（带有示差折光检测装置，B 型号色谱管 $\times 2$），如图 2-19 所示。凝胶色谱仪主要由输液系统、进样器、色谱柱（可分离分子量为 $2\times10^2 \sim 2\times10^6$）、示差折光仪检测器、记录系统等组成。

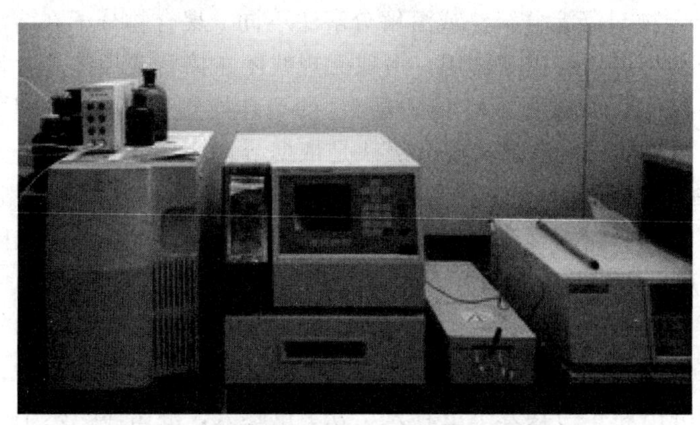

图 2-19　Waters 1515 型凝胶色谱仪

（2）试剂：

质量分数为 3‰的聚苯乙烯溶液试样、一系列不同分子量的聚苯乙烯溶液、四氢呋喃。

四、实验步骤

（一）溶剂和样品准备

（1）选择溶剂：尝试和选择对聚合物具有良好溶解性的 THF 或者 DMF 作为溶剂。

（2）溶剂处理：采用溶剂过滤系统（真空抽滤）对色谱纯溶剂进行过滤和脱气处理。

（3）样品配制：选用处理后的溶剂配置待测样品溶液，样品体积≥4 mL；样品质量浓度根据估算的分子量确定（$M_w = 10^3 \sim 10^4$，浓度为 1.5 ~ 2 mg/mL；$M_w = 10^4 \sim 10^5$，浓度为 1 ~ 1.5 mg/mL；$M_w = 10^5 \sim 5\times10^5$，浓度为 0.5 ~ 1 mg/mL；$M_w = 5\times10^5 \sim 10^6$，浓度为 0.1 ~ 0.5 mg/mL；$M_w > 10^6$，浓度为 0.05 ~ 0.1 mg/mL）。

（4）样品溶解：提供足够时间使聚合物完全溶解（一般在室温下静止过夜）。注：可轻微摇动样品以促进溶解但不可剧烈摇动。

（5）样品过滤：样品溶解后，采用一次性微孔滤膜（孔径 0.22 μm）对样品溶液进行过滤，保存滤液待用。

（6）注意，每个样品需要准备两个样品瓶（分别用于溶解样品和放置过滤后的溶液）和两个注射器（分别用于过滤和进样）。

（二）仪器启动

（1）将经过真空抽滤的溶剂倒入溶剂存储瓶中。

（2）依次打开稳压电源、计算机、泵、柱温箱、示差折光检测器开关。

（3）启动 Breeze 软件，输入用户名 Breeze；选择 1515-2414 系统，确定。

（4） 在 Breeze 软件系统中点击运行样品，点击流量图标设置泵流速 0.2 mL/min，注意，设置变化时间为 2 min，即以 0.1 mL/min 缓慢增加流速，使色谱柱所受压力缓慢变化。

（5）在示差折光检测器面板上，点击 Temp °C 设置温度 40 °C（Set/Control）；再点击 Home—Shift 1—显示 Purge 图标；此时示差检测器为 Purge 流路，冲洗示差检测器的样品池及参比池；点击平衡系统/监视基线图标—调用 PS-purge 方法—点击平衡/监视器，监控基线；Purge 时间为 10 h。

（6）10 h 后（此时基线已稳定），在运行样品界面点击流量图标设置泵流速 1 mL/min（设置变化时间 8 min，以 0.1 mL/min 缓慢增加流速），平衡 0.5 h。

（7）在示差折光检测器面板上，点击 Shift 1，取消 Purge（回到正常测样流路），平衡 3 ~ 5 min；再依次点击 Diag—Optimize LED(16~17 正常) —Enter—Home。

（三）样品测试

（1）点击 Breeze 软件系统中的单进样图标—输入待测样品名—选择功能（宽分布进样）—选择方法组 PS—输入进样体积（20 μL）及样品测试时间（45 min）—点击单进样，准备进样。此时窗口显示等待进样。

（2） 选用 1 mL 注射器，安装色谱专用平头针头，采用过滤后样品溶液润洗进样注射器后，再抽取过滤后的样品溶液；将针口朝上排出气泡（注意，针头不要有液珠，否则会污染进样口，必要时用镜头纸擦拭）；将进样阀门拨到 Inject 位置（即垂直状态），将进样注射器插入进样器内并插到底（不用过于用劲），进样；进样结束后迅速将进样阀门拨到 Load 位置；此时窗口显示进样正在运行。注意，进样结束后，使用抽滤后的溶剂及时清洗针头。

（3）到设定的运行时间后，仪器自动停止数据采集，此时窗口显示单进样结束；20 min 后，按步骤（1）和（2）进下一个样品。

（4）注意，实验过程中及时观察溶剂存贮瓶中溶剂量；如需补加，必须在仪器停止数据采集时（最好在泵流速为 0 时）添加溶剂，且砂滤头必须在液面下。

（四）数据处理

（1）在 Breeze 软件系统中点击查询数据。

（2）在通道界面选中要处理的宽分布未知样—右键点击查看。

（3）在查看窗口点击文件—打开—处理方法（选择最新工作曲线的方法名，THF 体系选用 33，DMF 体系选用 37）—点击处理参数图标—选择编辑现有的 GPC 方法并保留校正，确定—根据处理区间确定积分区域（其余不变）—点击下一步直至完成—复制曲线—点击工具栏中结果图标—查看样品的分子量、分子量分布指数、以及分布图，根据需要复制 GPC 曲线，以及调取相关数据（TEXT 文本格式）。

（4）退出时点击文件—保存—全部。

（5）返回到 Breeze 软件系统中点击查询数据—在结果界面点击更新—出现刚保存的数据—选中该样品—点击工具栏中预览报告图标—点击文件 - 打印报告 - 相关数据即存储为 PDF 文件。

（6）实验结束后，请使用格式化 U 盘将相关数据文件及时拷出。

（五）关　机

对 GPC 仪器而言，不要时开时停。为此，建议第二天的测试者在上一位同学测试结束后，将溶剂过滤后加入溶剂储存瓶中（溶剂量不少于 100 mL），调整变化时间将泵流量从 1 mL/min 降至 0.1 mL/min，走 Purge 流路。同时还注意，废溶剂接收瓶有足够的空间且两根流路出口管均插入到废溶剂瓶中。

如果直接关机，关机步骤如下。

（1）在样品测试结束后，必须在 1.0 mL/min 流速下继续流 0.5 h。

（2）设置变化时间（10 min），以 0.1 mL/min 缓慢递减，将泵流速从 1.0 mL/min 降至 0。

（3）关闭泵、示差检测器、柱温箱的电源开关。

（4）在计算机上关闭操作程序；关闭计算机。

（5）关闭稳压电源。

五、注意事项

（1）保证溶剂的相溶性，避免使用对不锈钢有腐蚀性的溶剂。

（2）由于每个样品的进样是在其整个测试（一般为 45 min）过程的前 5 min，因此严禁在此时取出样品盘。

（3）严格按照实验操作步骤操作，通常在样品测试过程中，学生只用“Find Data”“View Data”和“Sample Queue”命令栏的命令，其他命令栏应在老师指导下操作。

（4）对仪器的维护和保养进行记录。

六、思考题

（1）GPC 的分离机理与气相色谱的分离机理有什么不同？

（2）温度、溶剂的优劣对高聚物色谱图的位置有什么影响？

（3）讨论：进样量、色谱住的流速对实验结果有无影响？

（4）同样分子量的样品，支化度大的分子和线型分子哪个先流出色谱柱？

实验十五　扫描电子显微镜观察聚合物形态

一、实验目的

（1）了解扫描电镜的工作原理和结构。

（2）掌握扫描电镜的基本操作。

（3）掌握扫描电镜样品的制备方法。

二、实验原理

本实验采用 JSM6380LV 型扫描电子显微镜，该电镜具有接收二次电子和背散射电子成像的功能。二次电子是入射到样品内的电子在透射过程和散射过程中，与原子的外层电子进行能量交换后，被袭击射出的次级电子，它是从试样表面很薄的一层，约 5 nm 的区域内激发出来的。二次电子的发射与样品表面的物化性状有关，被用来研究样品的表面形貌。二次电子的分辨率较高，一般可达 5 ~ 10 nm，是扫描电镜应用的主要电子信息。背散射电子是入射电子与试样原子的原子核连续碰撞、发生弹性散射后重新从试样表面逸出的电子。由于背散射电子主要从试样表面 100 nm ~ 1 μm 深度范围发出，其分辨率较低，为 50 ~ 100 nm。

扫描电镜的工作原理如图 2-20 所示。带有一定能量的电子，经过第一、第二两个电镜透镜会聚，再经末级透镜（物镜）聚焦，成为一束很细的电子束（称之为电子探针或一次电子）。在第二聚光镜和物镜之间有一组扫描线圈，控制电子探针在试样表面进行扫描，引起一系列的二次电子发射。这些二次电子信号被探测器依次接收，经信号放大处理系统（视频放大器）输入显像管的控制栅极上调制显像管的亮度。由于显像管的偏转线圈和镜筒中的扫描线圈的扫描电流由同一扫描发生器严格控制同步，所以在显像管的屏幕上就可以得到与样品表面形貌相应的图像。

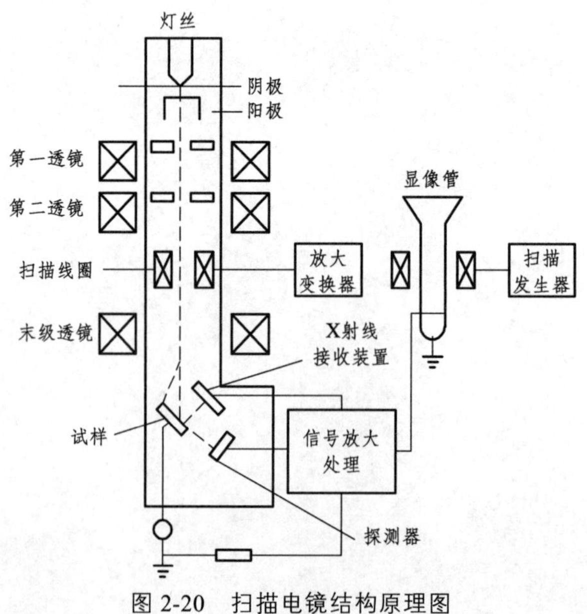

图 2-20　扫描电镜结构原理图

扫描电镜的上述主要部件均安装在金属的镜筒内。镜筒内的真空度为 6.66×10^{-3} Pa，电子枪加速电压可高达 30 kV，电镜的分辨率可达 3 nm。

三、试样和仪器

试样：乳液聚合 PS 试样、PP/玻璃纤维复合材料和 PP/PA1010 合金。

仪器设备：德国蔡司扫描电子显微镜。

四、实验步骤

（1）样品的制备。基本要求：试样在真空中能保持稳定，含有水分的试样应先烘干除去水分。表面受到污染的试样，要在不破坏试样表面结构的前提下进行适当清洗，然后烘干。有些试样的表面、断口需要进行适当的侵蚀，才能暴露某些结构细节，在侵蚀后应将表面或断口清洗干净，然后烘干。

块状或片状的聚合物样品可直接用导电胶固定在样品座上。粉状样品可用下面的方法固定：取一块 5 mm 见方的胶水纸，胶面朝上，再剪两条细的胶水纸把它固定在样品座上。取粉末样品少许均匀地撒在胶水纸上。在胶水纸周围涂以少许导电胶。待导电胶干燥后，将样品座放在离子溅射仪中进行表面镀金，表面镀金的样品即可置于电镜内进行观察。

（2）样品的观察。

① 打开水源，接通电源。

② 开启扫描电镜控制开关。

③ 放气，将待测样品放入样品室。

④ 抽真空，真空度达到要求后，加高压，即可进行观察。

⑤ 对感兴趣的区域，采取适当的放大倍数，通过焦距的调节，获取清晰的图像。

五、结果处理

用专用软件处理图像。

六、思考题

（1）扫描电镜与透射电镜在仪器构造、成像机理及用途上有什么不同?

（2）分析扫描电镜所得到的聚合物样品形态图。

第三部分　高分子材料成型与加工

实验一　热塑性塑料注射成型

一、实验目的

（1）了解注射成型过程和成型工艺条件。
（2）掌握注射成型工艺参数的确定以及它们对制品结构形态的影响。
（3）掌握注射机模具的结构，正确操作注射机，掌握制作标准测试样条的方法。

二、实验原理

从料斗落入料筒中的塑料，随着螺杆的转动沿着螺杆向前输送，在这一输送进程中，物料被逐渐压实，物料中的气体由加料口排除。在料筒的加热和螺杆剪切热的作用下，物料实现其物理状态的变化最后呈黏流态，并建立起一定的压力。当螺杆头部的熔料压力达到能克服注射油缸活塞退回的阻力（所谓背压）时，螺杆便开始向后退，进行所谓计量。与此同时，料筒前端和螺杆头部间熔料逐渐增多当达到所需要注射量时（即螺杆退回到一定位置），计量装置撞击限位开关，螺杆即停止转动和后退，此时预塑化完毕。

闭模时合模油缸中的压力油推动合模机构动作，移动模板使模具闭合。继而，注射座前移，注射油缸充入压力油，使油缸活塞带动螺杆按所要求的压力和速度将熔料注入模腔内。当熔料充满模腔后，螺杆仍对熔料保持一定的压力，以防止模腔中熔料的反流，并向模腔内补充因制品冷却收缩所需要的物料。模腔中的熔料经过冷却由黏流态回复到玻璃态，从而定型，获得一定的尺寸精度和表面光洁度的制品。当完全打开模具，在顶出机构的作用下，将制件脱出，从而完成一个注射成型过程。

三、仪器及原料

实验仪器：注射成型机、模具、拉伸试验机、卡尺、秒表。
原料：聚苯乙烯（PP）。

四、实验步骤

1）注射机开车前的准备工作

（1）检查电源电压是否与电器设备的额定电压相符，否则应调整，使两者相同。

（2）检查各按钮、电器线路、操作手柄等有无损坏或失灵现象，各开关手柄应在“断”的位置。

（3）检查安全门在轨道上滑动是否灵活，开关能否触动限位开关。

（4）通水检查各冷却水管接头是否可靠，杜绝渗漏现象。

（5）检查料斗有没异物，并对机筒进行预热，达到塑料塑化温度后，恒温 30 min，使各点温度均匀一致。

（6）检查喷嘴是否堵塞，并调整喷嘴模具位置。

（7）模具用螺栓固定好，进行开合模具的实验。

2）注射机开车

（1）接通电源，启动电机，油泵开始工作。

（2）油泵进行短时间空车运转，待正常后关闭安全门，采用手动闭模，打开压力表，检查压力是否上升。

（3）空车时，手动操作机器，空负荷运转，检查安全门运行是否正常。

（4）检查并调整时间继电器和限位开关，使其动作灵敏、正常。

（5）进行半自动操作试车，空车运转几次。

（6）进行自动操作试车，检查是否运转正常。

3）注射机的动作程序控制

普通螺杆式注射机动作的程序为

合模→注射→保压→冷却→开模→顶出制品→合模

（1）加料方式。

按注射座是否移动，出现 3 种加料方式：固定加料、前加料和后加料。

（2）操作方式。

根据实际使用的情况，注射机常用的操作方式有调整、半自动和自动三种。

4）注射成型制品

在不同熔体温度、模温和注射压力下模制制品。

（1）在固定注射压力、模温等其他条件下，改变熔体温度模制制品。

（2）在固定熔体温度，模温等其他条件下，改变注射压力模制制品。

（3）在固定熔体温度，注射压力等其他条件下，改变模温模制制品。

五、实验记录

塑料配方和挤出工艺条件：
料筒（或熔体温度）_____ ℃；_____ ℃；_____ ℃。
喷嘴温度 ________ ℃；模温________ ℃。
注射压力________MPa。
注射时间 ____s；保压时间_____s；冷却时间______s。

六、思考题

（1）注射成型工艺条件如何确定?
（2）注射机操作注意事项有哪些?

实验二 热塑性塑料挤出造粒实验

一、实验目的

（1）了解热塑性塑料的挤出工艺过程以及造粒加工过程。
（2）掌握热塑性塑料挤出及造粒加工设备及操作规程。
（3）掌握 PVC 挤出工艺条件及挤出过程中需注意的问题。

二、实验原理

1）挤出成型工艺原理

挤出成型是热塑性塑料成型加工的重要成型方法之一，热塑性塑料的挤出加工是在挤出机作用下完成的重要加工过程。在挤出过程中，物料通过料斗进入挤出机的料筒内，挤出机螺杆以固定的转速拖曳料筒内物料向前输送。通常，根据物料在料筒内的变化情况，将整个挤出过程分成 3 个阶段。

（1）在料筒加料段，在旋转着的螺杆作用下，物料通过料筒内壁和螺杆表面的摩擦作用向前输送和压实。物料在加料段内呈固态向前输送。

（2）物料进入压缩段后由于螺杆螺槽逐渐变浅，以及靠近机头端滤网、分流板和机头的阻力而使所受的压力逐渐升高，进一步被压实；同时，在料筒外加热和螺杆、料筒对物料的混合、剪切作用所产生的内摩擦热的作用下，塑料逐渐升温至黏流温度，开始熔融，大约在压缩段处全部物料熔融为黏流态并形成很高的压力。

（3）物料进入均化段后将进一步塑化和均化，最后螺杆将物料定量、定压地挤入机关。机头中口模是成型部件，物料通过它便获得一定截面的几何形状和尺寸，再通过冷却定型、切断等工序就得到成型制品。

2）热塑性高分子材料造粒概述

合成树脂一般为粉末状，粒径较小，松散、易飞扬。为便于成型加工，需将树脂与各种助剂混合塑炼制成颗粒状，这个工序称为造粒。造粒的目的在于进一步使配方均匀，排除树脂颗粒间及颗粒内的空气，使物料被压实到接近制成品的密度，以减少成型过程中的塑化要求，并使成型操作容易完成。

一般造粒后的颗粒料较整齐，且具有固定的形状。颗粒料是塑料成型加工的原料，用颗粒料成型有如下优点：加料方便，不需强制加料器；颗粒料密度比粉末料大，制品质量较好；空气及挥发物含量较少，制品不易产生气泡。造粒工序对于大多数单螺杆挤出机生产塑料挤出制品一般是必需的，而双螺杆挤出机可直接使用捏合好的粉料生产。

热塑性物料的造粒可分冷切法和热切法两大类。冷切法又可分拉片冷切、挤片冷切、挤条冷切等几种；热切法则可分干热切、水下热切、空中热切等几种。造粒的主要设备是混炼式挤出机或塑炼机（开炼机或密炼机）和切粒机。除拉片冷切法用平板切粒机造粒外，其余都是用挤出机造粒。挤出造粒有操作连续，密闭，机械杂质混入少，产量高，劳动强度小，噪声小等优点。

3）本实验主要开展的工作

挤条冷切是热塑性塑料最普遍采用的造粒方法，设备和工艺都较简单，即混合料经挤出机塑化后成圆条状挤出，圆条经风冷或水冷后，通过切粒机切成圆柱形颗粒。本实验采用硬质 PVC 制品配方料，利用双螺杆挤出机，采用挤出成型工艺挤出圆条状制品，再利用切粒机冷切成圆柱形颗粒。

本实验采用同向双螺杆挤出机，配置挤圆条机头进行硬质 PVC 挤条。

三、仪器及原料

1）实验仪器

实验仪器包括双螺杆挤出机、切粒机、高速混合器、冷却水槽、烘箱等。其中挤出机的组成与结构如图 3-1 所示。

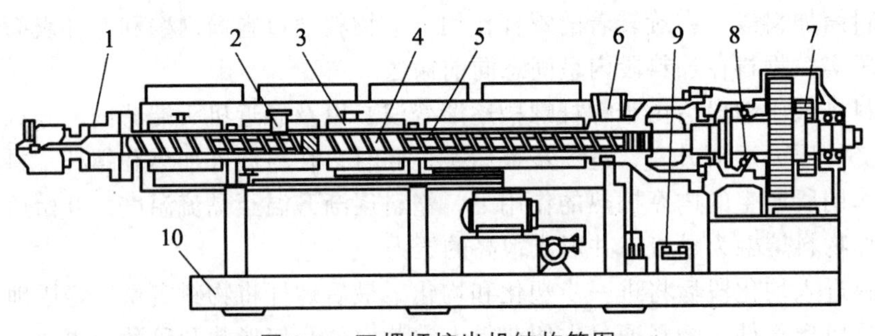

图 3-1 双螺杆挤出机结构简图

1—机头；2—排气口；3—加热冷却系统；4—螺杆；5—机筒；6—加料口；7—减速箱；8—止推轴承；9—润滑系统；10—机架

2）原　料

本实验试样采用硬质 PVC 配方，其参考配方如表 3-1 所示。

表 3-1 实验试样配方

成分	用量/份	成分	用量/份
PVC	100.0	HSt	0.3 ~ 0.5
三盐	4.0 ~ 6.0	$CaCO_3$	6.0
DOP	0 ~ 1.0	PbSt	0.5 ~ 1.0
ACR 或 CPE	4.0 ~ 6.0	Pe 蜡	0.5 ~ 1.0

挤出造粒前需先对原材料进行混合和干燥。

四、实验步骤

1）实验前准备

（1）按参考配方设计配方称取物料，利用高速混合器对物料进行混合，将混合好的物料利用烘箱进行烘干处理。

（2）将挤出机、机头、料斗以及切粒机等清理干净，并安装完毕。将冷却水槽和挤出机冷却水连接好，先通冷却水冷却挤出机进料口。

2）挤出工艺参数的确定

（1）挤出机加热温度。挤出机操作温度按五段控制，其中机身部分三段，机头部分两端。机身：加料段 160 ~ 170 °C，压缩段 170 ~ 180 °C，计量段 180 ~ 190 °C；机头：机颈 190 ~ 200 °C，口模 190 ~ 200 °C。

（2）螺杆转速为 0 ~ 40 r/min，一般先在较低的转速下运行至稳定，待有熔融的物料从机头挤出后，在继续提高转速。

（3）切粒机转速为 0 ~ 20 r/min，视挤出圆条的速度，逐渐调节。

3）测试操作

（1）启动挤出机控制系统的计算机及动力系统，按照输入程序把标题、加热温度、螺杆转速等实验条件输入计算机控制程序。

（2）开始各段预热，待各段加热达到规定温度时，应对机头部分的衔接锁环再次检查，并将其拧紧、准备向挤出机中加入物料。

（3）开动主机，在慢速（10 r/min）运转下先少量加 PVC 清洗料，并随时注意转矩、压力显示仪表，待清洗料熔料挤出后，观察其颜色变化，待挤出物无杂质及其他颜色变化时，可加入实验料。

（4）加入实验料后，逐渐提高螺杆转速，同时注意转矩、压力显示仪表。待熔料挤出平稳后，开启切粒机，将挤出圆条通过冷却水槽后慢慢引入切粒机进料口，慢慢调节切粒机转速以与挤出速度匹配。待挤出及切粒过程正常后，正式开启记录对应的转矩值、压力值等工艺参数。

（5）依次改变螺杆转数：10 r/min、15 r/min、20 r/min、25 r/min、30 r/min。在每个转速下，在稳定挤出情况下，截取 3 min 的挤出物造粒颗粒，分别称量，同时记录其对应的转矩值、压力值。

（6）实验完毕，关闭各测量记录系统及切粒机。逐渐减速停车，趁热立即清理机头、挤出料筒内残留的硬质 PVC 料，降低挤出机加热温度，用 LDPE 树脂清理料筒。

五、实验记录

（1）实验药品及配方填写如表 3-2 所示。

表 3-2　实验报告记录表

名称	型号	生产厂家	用量/份

（2）实验条件。

仪器设备型号、生产厂家：

螺杆长径比：

挤出机加热温度：

螺杆转速：

平稳挤出时的转矩和压力：

平稳挤出时的切粒机转速：

（3）测试结果。

① 根据测量数值，分别绘制螺杆转速-挤出量，机头压力-挤出量对应曲线。

② 对挤出造粒的颗粒进行性能和外观分析。

六、思考题

（1）挤出机的主要结构由哪几部分组成？

（2）分析工艺条件对制品质量及生产效率的影响。

实验三　双螺杆挤出共混实验

一、实验目的

（1）了解双螺杆的工作原理、挤出工艺参数、操作规范和影响挤出物性质的因素。

（2）掌握偶联剂的使用，及其在物料和填料之间的作用。

二、实验原理

偶联剂是一类具有两不同性质官能团的物质，它们分子中的一部分官能团可与有机分子反应，另一部分官能团可与无机物表面的吸附水反应，形成牢固的黏合。偶联剂在复合材料中的作用在于它既能与增强材料表面的某些基团反应，又能与基体树脂反应，在增强材料与树脂基体之间形成一个界面层，界面层能传递应力，从而增强了增强材料与树脂之间黏合强度，提高了复合材料的性能，同时还可以防止不与其他介质向界面渗透，改善了界面状态，有利于制品的耐老化、耐应力及电绝缘性能。

按偶联剂的化学结构及组成分为有机铬络合物、硅烷类、钛酸酯类和铝酸化合物四大类：

（1）铬络合物偶联剂。铬络合物偶联剂开发于20世纪50年代初期，由不饱和有机酸与三价铬离子形成金属铬络合物，其合成及应用技术均较成熟，而且成本低，但品种比较单一。

（2）硅烷偶联剂。硅烷偶联剂的通式为 $RSiX_3$，式中R代表氨基、巯基、乙烯基、环氧基、氰基及甲基丙烯酰氧基等基团，这些基团和不同的基体树脂均具有较强的反应能力，X代表能够水解的烷氧基（如甲氧基、乙氧基等）。

（3）钛酸酯偶联剂。依据它们独特的分子结构，钛酸酯偶联剂包括四种基本类型：① 单烷氧基型。这类偶联剂适用于多种树脂基复合材料体系，尤其适合于不含游离水、只含化学键合水或物理水的填充体系。② 单烷氧基焦磷酸酯型。该类偶联剂适用于树脂基多种复合材料体系，特别适合于含湿量高的填料体系。③ 螯合型。该类偶联剂适用于树脂基多种复合材料体系，由于它们具有非常好的水解稳定性，这类偶联剂特别适用于含水聚合物体系。④ 配位体型。该类偶联剂用在多种树脂基或橡胶基复合材料体系中都有良好的偶联效果，它克服了一般钛酸酯偶联剂用在树脂基复合材料体系的缺点。

（4）其他偶联剂。锆类偶联剂是含铝酸锆的低分子量的无机聚合物。它不仅可以促进不同物质之间的黏合，而且可以改善复合材料体系的性能，特别是流变性能。该类偶联剂既适用于多种热固性树脂，也适用于多种热塑性树脂。此外还有镁类偶联剂和锡类偶联剂。

“重钙”就是方解石粉，是重质碳酸钙的简称，通常用作填料，广泛用于人造地砖、橡胶、塑料、造纸、涂料、油漆、油墨、电缆、建筑用品、食品、医药、纺织、饲料、牙膏等日用化工行业，作填充剂起到增加产品的体积，降低生产成本。

轻质碳酸钙和重质碳酸钙的组成都是碳酸钙，都是涂料、塑料等工业的常用填料。一级品的含量为98% 二级品的含量为97%。重质碳酸钙和轻质碳酸钙的区别如下：

① 最主要区别是用途不同。轻钙用于填料，电焊条，有机合成等，重钙用于生产无水氯化钙、重铬酸钠、水泥等。

② 重质碳酸钙就是天然碳酸钙，由方解石经粉碎制得，价格便宜，在乳胶漆中使用。和轻质碳酸钙相比，容易沉降。轻质碳酸钙又叫沉淀碳酸钙，粒度比重质碳酸钙小，吸油量比重质碳酸钙大，价格比重质碳酸钙高。它们都是乳胶漆中常用的填料，最好搭配使用。

③ 重钙是矿石天然粉碎制的，轻钙是通过人工合成制的，它们在涂料中都有大的应用量。

④ 重钙稳定，但相对轻钙易沉。

⑤ 轻钙在沉降方面好些，但吸油量大于轻钙，价格一般也较重钙贵些。尽管稳定性方面不如重钙，但还是具备一定稳定性的，即使是外墙漆，其应用量也是很大的。

本次实验是用铝酸酯作为偶联剂和轻质碳酸钙在高速混合机中高速混合，然后再把母料和它们一起混合，在挤出机中挤出，在切割机中切割成粒料，以备以后打注塑，测试其物料性能。

三、仪器和原料

原料：聚乙烯 100 份，聚丙烯 100 份，碳酸钙 30 份，0.3 份抗氧剂 1010，0.5 份硅烷偶联剂 KH550。

仪器：SJ-20 型双螺杆挤出机，切粒机。

挤出机技术参数：螺杆直径为 22 mm；长径比 L/D 为 20 mm；螺杆转速为 0 ~ 600 r/min；产量为 0.7 ~ 6 kg/h；电机功率为 3 kW；加热功率为 3.3 kW。

四、实验步骤

（1）配料：用电子秤称量所需原料，将各种原料经手工初步搅匀后，加入高速混合机中，关闭高速混合机顶门和底门，开动混合机搅拌 1 min，在搅拌下打开底门用装料袋接料，关闭混合机，清理混合机内腔。

（2）了解挤出塑料的熔融指数，确定挤出温度控制范围。

（3）检查挤出机的各部分，确认设备正常，接通电源，加热，通冷却水。待各段预热到要求温度时，手动转动螺杆，以确定料筒中残留的上次加工的料完全熔融。保温 10 min 以上再加料。

（4）开动主机。在转动下先加少量塑料，注意进料和电流计情况。开动切粒机和风冷机，待有熔料挤出后，将挤出物用手（戴上手套）和镊子慢慢引上冷却牵引装置，同时经过切粒机切粒并收集产物。

（5）挤出平稳，继续加料，调整各部分，控制温度等工艺条件，维持正常操作。

（6）观察挤出料条形状和外观质量，记录挤出物均匀、光滑时的各段温度等工艺条件，记录一定时间内的挤出量，计算产率，重复加料，维持操作 20 min。

（7）实验完毕，带模头不再有熔体流出时，关闭主机，整理各部分。

五、实验条件

（1）挤出机各段温度如表 3-3 所示。

表 3-3　挤出机各段温度分布表

T_1/°C	T_2/°C	$T_{3,4}$/°C	$T_{5,6}$/°C	T_7/°C	机头 T/°C
171	180	190	220	226	215

（2）挤出机参数如表 3-4 所示。

表 3-4　挤出机参数表

螺杆转速/（r/min）	加料转速/（r/min）	口模压力/MPa
110	20	0.45

六、注意事项

（1）熔体被挤出之前，任何人不得在机头口模的正前方。挤出过程中，严防金属杂质、小工具等物料落入进料口中。

（2）清理设备时，只能使用铜棒、铜制刀等工具，切忌损坏螺杆和口模等处的光洁表面。

（3）挤出过程中，要密切注意做工条件的稳定，不得任意改动。如果发现不正常现象，应立即停车，进行检查整理再恢复实验。

七、思考题

（1）开始挤出的物料是乌色的，有点黑，这种现象是什么原因造成的？

（2）PE 在刚从挤出机中挤出时，熔体呈透明状，但是一旦熔体接触冷却水时，马上就变得不透明了，这是为什么？

（3）当改变螺杆转速时，出料压力会有显著的变化吗？

实验四　塑料挤出吹膜实验

一、实验目的

（1）了解塑料挤出吹胀成型原理。

（2）了解单螺杆挤出机、吹膜机头及辅机的结构和工作原理。

（3）掌握聚乙烯吹膜工艺操作过程、各工艺参数的调节及分析薄膜成型的影响因素。

二、实验原理

塑料薄膜是应用广泛的高分子材料制品。塑料薄膜可以用挤出吹塑、压延、流延、挤出拉幅以及使用狭缝机头直接挤出等方法制造，各种方法的特点不同，适应性也不一样。其中吹塑法成型塑料薄膜比较经济和简便，结晶型和非晶型塑料都适用。吹塑成型不但能成型簿至几丝的包装薄膜，也能成型厚达 0.3 mm 的重包装薄膜，既能生产窄幅，也能得到宽度达近 20 m 的薄膜，这是其他成型方法无法比拟的。吹塑过程塑料受到纵横方向的拉伸取向作用，制品质量较高，因此，吹塑成型在薄膜生产上应用十分广泛。

用于薄膜吹塑成型的塑料有聚氯乙烯、聚乙烯、聚丙烯、尼龙以及聚乙烯醇等。目前国内外以前两种居多，但后几种塑料薄膜的强度或透明度较好，已有很大发展。

吹塑是在挤出工艺的基础上发展起来的一种热塑性塑料的成型方法。吹塑的实质就是在挤出的型坯内通过压缩空气吹胀后成型的，它包括吹塑薄膜和中空吹塑成型。在吹塑薄膜成型中，根据牵引的方向不同，通常分为平挤上吹、平挤下吹和平挤平吹三种工艺方法，其基本原理都是相同的，其中以平挤上吹法应用最广。本实验是用平挤上吹工艺成型低密度聚乙烯（LDPE）薄膜，如图 3-2 所示。

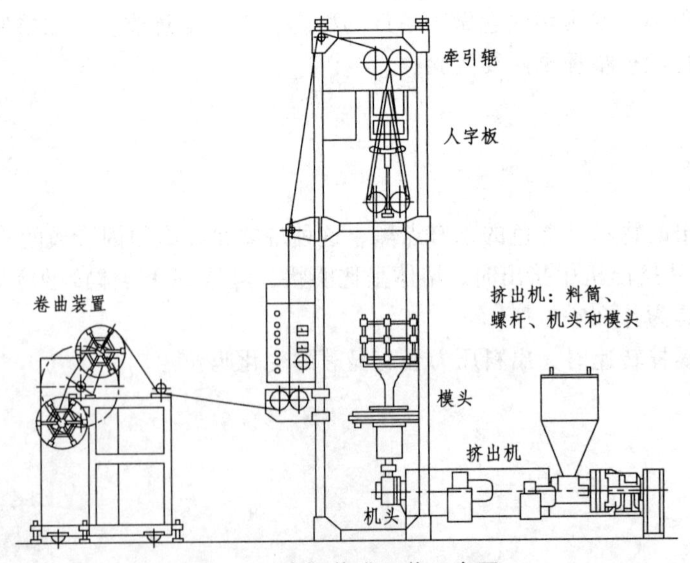

图 3-2　吹塑薄膜工艺示意图

塑料薄膜的吹塑成型是基于高聚物的分子量高、分子间力大而具有可塑性及成膜性能。在挤出机的前端安装吹塑口模，黏流态的塑料从挤出机口模挤出成管坯后用机头底部通入的压缩空气使之均匀而自由地吹胀成直径较大的管膜，膨胀的管膜在向上被牵引的过程中，被纵向拉伸并逐步被冷却，并由人字板夹平和牵引辊牵引，最后经卷绕辊卷绕成双折膜卷。

在吹塑过程中，塑料从挤出机的机头口模挤出以致吹胀成膜，经历着黏度、相变等一系列的变化，与这些变化有密切关系的是挤出过程的各段物料的温度、螺杆的转速是否稳定，机头的压力和口模的结构、风环冷却及室内空气冷却、吹入空气压力，以及膜管拉伸作用等相互配合与协调都直接影响薄膜性能的优劣和生产效率的高低。

1）管坯挤出

挤出机各段温度的控制是管坯挤出最重要的因素。通常，沿机筒到机头口模方向，塑料的温度是逐步升高的，且要达到稳定的控制。本实验对 LDPE 吹塑，原则上机筒温度依次是 140 °C、160 °C、180 °C 递增，机头口模处稍低些。熔体温度升高，黏度降低，机头压力减少，挤出流量增大，有利于提高产量。但若温度过高和螺杆转速过快，剪切作用过大，易使塑料分解，且出现膜管冷却不良，这样，膜管的直径就难以稳定，将形成不稳定的膜泡“长颈”现象，所得泡（膜）管直径和壁厚不均，甚至影响操作的顺利进行。因此，通常挤出温度和速度控制得稍低一些。

2）机头和口模

吹塑薄膜的主要设备为单螺杆挤出机，由于是平挤上吹，其机头口模是转向式的直角型，作用是向上挤出管状坯料。由于直角型机头有料流转向的问题，模具设计时须考虑设法不使近于挤出机一侧的料流速度大于另一侧，使薄膜厚度波动减少。为使薄膜的厚度波动在卷取薄膜辊上得到均匀分布，现常采用直角型旋转机头。口模缝隙的宽度和平直部分的长度与薄膜的厚度有一定的关系，如吹塑 0.03 ~ 0.05 mm 厚的薄膜所用的模隙宽度为 0.4 ~ 0.8 mm，平直部分长度为 7 ~ 14 mm。

3）吹胀与牵引

在机头处通入压缩空气使管坯吹胀成膜管，调节压缩空气的通入量可以控制膜管的膨胀程度。衡量管坯被吹胀的程度通常以吹胀比α来表示，吹胀比是管坯吹胀后的膜管的直径 D_2 与挤出机环形口模直径 D_1 的比值，即

$$\alpha = \frac{D_2}{D_1} \tag{3-1}$$

吹胀比的大小表示挤出管坯直径的变化，也表明了黏流态下大分子受到横向拉伸作用力的大小。常用吹胀比在 2 ~ 6。

吹塑是一个连续成型过程，吹胀并冷却过程的膜管在上升卷绕途中，受到拉伸作用的程度通常以牵伸比β来表示，牵伸比是膜管通过夹辊时的速度 v_2 与口模挤出管坯的速度 v_1 之比，即

$$\beta = \frac{v_2}{v_1} \tag{3-2}$$

这样，由于吹塑和牵伸的同时作用，使挤出的管坯在纵横两个方向都发生取向，使吹塑薄膜具有一定的机械强度。因此，为了得到纵横向强度均等的薄膜，其吹胀比和牵伸比最好是相等的。不过在实际生产中往往都是用同一环形间隙口模，靠调节不同的牵引速度来控制薄膜的厚度，故吹塑薄膜纵横向机械强度并不相同，一般都是纵向强度大于横向强度。

吹塑薄膜的厚度δ与吹胀比、牵伸比的关系可用下式表示：

$$\delta = \frac{b}{\alpha\beta} \tag{3-3}$$

式中，δ——薄膜厚度，mm；

b——机头口模环形缝隙宽度，mm。

4）风环冷却

风环是对挤出膜管进行冷却的装置，位于离模膜管的四周，操作时可调节风量的大小控制膜管的冷却速度。在吹塑聚乙烯薄膜时，接近机头处的膜管是透明的，但在约高于机头 20 cm 处的膜管就显得较浑浊。膜管在机头上方开始变得浑浊的距离称为冷凝线距离（或称冷却线距离）。膜管浑浊的原因是分子的结晶和取向。从口模间隙中挤出的熔体在塑化状态被吹胀并被拉伸到最终的尺寸，薄膜到达冷凝线时停止变形过程，熔体从塑化态转变为固态。如果其他操作条件相同，随着挤出物料的温度升高或冷却速率降低，聚合物冷却至结晶温度的时间也将延长，所以冷却线也将上升。这样，薄膜从机头挤出后到冷却卷取的行程就要加长。在相同的条件下，冷却线的距离也随挤出速度的加快而加长，冷却线距离高低影响薄膜的质量和产量。实际生产中，可用冷却线距离的高低来判断冷却条件是否适当。用一个风环冷却达不到要求时，可用两个或两个以上的风环冷却。对于结晶型塑料，降低冷却线距离可获得透明度高和横向撕裂强度较高的薄膜。

5）薄膜的卷绕

管坯经吹胀成管膜后被空气冷却，先经人字导向板夹平，再通过牵引夹辊，而后由卷绕辊卷绕成薄膜制品。人字板的作用是稳定已冷却的膜管，不让它晃动，并将它压平。牵引夹辊是由一个橡胶和一个金属辊组成，其作用是牵引和拉伸薄膜。牵引辊到口模的距离对成型过程和管膜性能有一定影响，决定了膜管在压叠成双折前的冷却时间，这时间与塑料的热性能有关。

三、仪器及原料

（1）仪器设备。

① SJ-20 单螺杆挤出机。

② 直通式吹膜机头口模（见图 3-3）。

③ 冷却风环。

④ 牵引、卷取装置。

⑤ 空气压缩机。

⑥ 卡尺、测厚仪、台秤、秒表等。

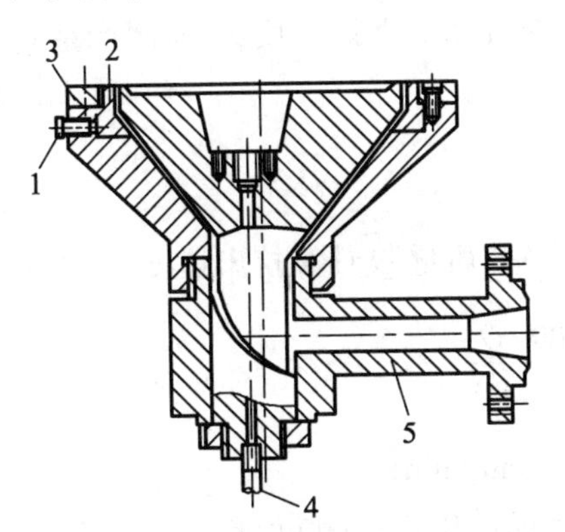

图 3-3 吹塑薄膜用直通式机头

1—芯棒轴；2—口模；3—调节螺钉；4—压缩空气入口；5—机颈

（2）原料。

LDPE，吹膜级，颗粒状塑料。

四、实验步骤

（1）原材料准备；LDPE 干燥预热，在 70 °C 左右烘箱预热 1 ~ 2 h。

（2）详细观察，了解挤出机和吹塑辅机的结构、工作原理、操作规程等。

（3）根据实验原料 LDPE 的特性，初步拟定挤出机各段加热温度及螺杆转速，同时拟定其他操作工艺条件。

（4）安装模具及吹塑辅机。

（5）测量口模内径和管芯外径。

（6）按照挤出机的操作规程，接通电源，开机运转和加热。检查机器运转、加热和冷却是否正常。机头口模环形间隙中心要求严格调正。对机头各部分的衔接、螺栓等检查并趁热拧紧。

（7）当挤出机加热到设定值后稳定 30 min。开机在慢速下投入少量的 LDPE 粒子，同时注意电流表、压力表、温度计和扭矩值是否稳定。待熔体挤出成管坯后，观察壁厚是否均匀，调节口模间隙，使沿管坯圆周上的挤出速度相同，尽量使管坯厚度均匀。

（8）开动辅机，以手将挤出管坯慢慢向上引入夹辊，使之沿导辊和收卷辊前进。通入压缩空气并观察泡管的外观质量。根据实际情况调整挤出流量、风环位置和风量、牵引速度、膜管内的压缩空气量等各种影响因素。

（9）观察泡管形状变化、冷凝线位置变化及膜管尺寸的变化等，待膜管的形状稳定、薄膜折径已达实验要求时，不再通入压缩空气，薄膜的卷绕正常进行。

（10）以手工卷绕代替收卷辊工作，卷绕速度尽量不影响吹塑过程的顺利进行。裁剪手工卷绕 1 min 的薄膜成品。

（11）重复手工卷绕实验两次。

（12）实验完毕，逐步降低螺杆转速，挤出机内存料，趁热清理机头和衬套内的残留塑料。

（13）称量卷绕 1 min 薄膜成品的质量并测量其长度、折径及厚度公差。计算挤出速度 v_1、膜管的直径 D_2、吹胀比α、牵伸比 β 、薄膜厚度δ、吹膜产量 Q_m。

五、实验记录

（1）由卷绕 1 min 薄膜成品的质量 Q 计算挤出速度 v_1：

$$v_1 = \frac{4 \times 1\,000 \times Q}{\pi \rho (D_1^2 - D^2)} \tag{3-4}$$

式中，v_1——管坯挤出线速度，mm/min；

Q——卷线 1 min 薄膜成品的质量，g/min；

ρ——LDPE 熔体密度，取 0.91，g/cm^3；

D_1——口模内径，mm；

D——管芯外径，mm。

（2）由薄膜成品折径 d 计算膜管的直径 D_2，按公式（3-1）计算吹胀比α。

（3）由卷绕 1 min 薄膜成品的长度，即牵引速度 v_2 和由公式（3-4）计算的 v_1，按公式（3-2）计算牵伸比β。

（4）由口模内径 D_1 和管芯外径 D 计算口模环形缝隙宽度 b，按公式（3-3）计算薄膜厚度δ。

（5）由卷绕 1 min 薄膜成品的质量 Q 换算吹膜产量 Q_m，kg/h。

六、注意事项

（1）熔体挤出时，操作者不得位于口模的正前方，以防意外伤人。操作时严防金属杂质和小工具落入挤出机筒内。操作时要戴手套。

（2）清理挤出机和口模时，只能用铜刀、棒或压缩空气，切忌损伤螺杆和口模的光洁表面。

（3）吹胀管坯的压缩空气压力要适当，既不能使管坯破裂，又能保证膜管的对称稳定。

（4）吹塑过程中要密切注意各项工艺条件的稳定，不应该有波动。

七、思考题

（1）吹塑法生产薄膜有何优缺点？

（2）影响吹塑薄膜厚度均匀性的因素是什么？

（3）吹塑薄膜的纵向和横向的机械性能有无差异，为什么？

（4）聚乙烯吹膜时，冷凝线的成因是什么？冷凝线位置的高低对所得薄膜的物理机械性能有何影响？

实验五　中空塑料制品吹塑成型实验

一、实验目的

(1)了解透明高分子材料单层瓶的吹塑设备工作原理和操作工艺参数对制品性能的影响。
(2)掌握控制制品透明性及厚度均匀性的工艺因素。

二、实验原理

本实验通过将 PE 原料从单螺杆挤出机内加热熔融塑化成均匀熔体，熔体在螺杆挤压下通过圆环形口模挤压成型坯，在经过吹塑成型、冷却、脱模、修边过程后得到产品。流程如图 3-4 所示。

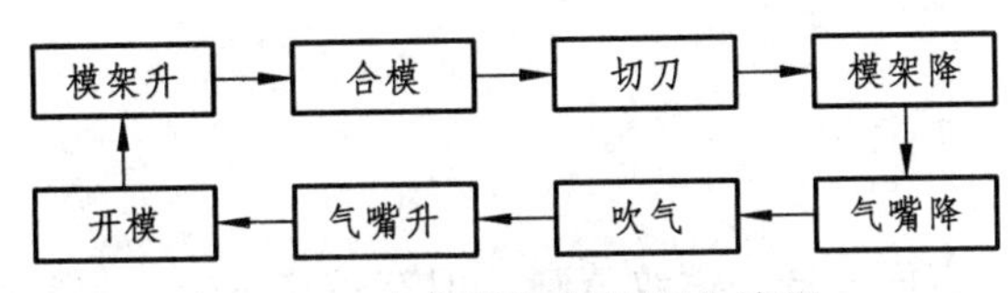

图 3-4　中空塑料制品制作流程

中空吹塑制品的质量除受原材料特性影响外，成型工艺条件、机头和模具的设计等都是重要影响因素。型坯温度、吹塑的空气压力和容积速率、挤坯机头和吹塑模具结构特征都影响厚薄均匀性。中空吹塑装置示意图如图 3-5 所示。

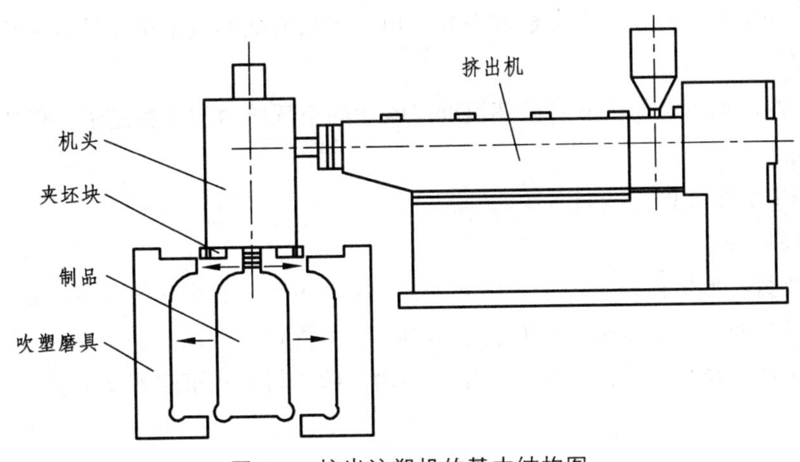

图 3-5　挤出注塑机的基本结构图

三、仪器及原料

（1）实验仪器：塑料吹塑机；吹瓶模具，1 副；水银温度计（0 ~ 250 °C），4 ~ 5 支；秒表、测厚量具、剪刀、小铜刀、扳手、手套等实验用具。

（2）原料：HDPE。

四、实验步骤

（1）了解原料工艺特性，拟定挤出机各段、机头和模具的加热、冷却以及成型过程各工艺条件。

（2）熟悉吹瓶机的操作规程。开通电源，设置手动，开启油泵，检查是否正常。

（3）接通料斗、模头各加温区电源，设定温度加热至所设温度后恒温 15 min。

（4）加料，挤出后依次按流程按动按钮：模架升、锁模、切刀、模架降、气嘴降、开模，取出制品。

（5）将吹塑机设为自动，调整各个定时器的定时时间，开始自动吹瓶。

（6）实验完毕，关闭油泵、电源。

五、实验记录及讨论

所得制品外观良好，表面光洁，螺纹清晰。但有较多飞边，需要手工修整，且厚薄不均匀。壁厚不是很均匀，因为口模不是标准环形，挤出口模时挤出物已经倾斜，厚薄不均，导致吹出来的制品厚薄不均。

手工操作时连续性差，在挤出物或切断的型胚在还未完全到位时就采取下一步操作或者是前一次的制品还未脱摸就开始进行了下一次的成型，造成次品或根本不能成型。

自动操作的优点：只要工艺参数调整好，出现废品的概率就很小，且自动化程度很高，生产效率很高。

影响制品厚薄均匀性的因素：型坯温度、吹塑的空气压力和容积速率、挤坯机头和吹塑模具结构特征。

以下为挤出吹塑过程的影响因素。

（1）原材料方面。

① 熔体指数。低熔指利于防止管坯下垂，但不宜过低，否则易发生不稳定流动。

② 分子量分布。分子量分布宽有利于制得高质量管坯。

③ 拉伸黏度。拉伸黏度随拉伸应力增加而增大的物料有利于吹塑加工。

（2）温度方面。

温度越高型坯下垂严重；越低型坯表面粗糙，塑化不良，冷却过快。

（3）螺杆转速方面。

高的挤出速度能够提高产量，减少型坯下垂，但转速过快易产生不稳定流动，螺杆转速应视具体物料而定。

（4）口模方面。

① 口模的间隙和形状直接影响着吹塑制品壁厚的均匀性。

② 口模表面光洁度很重要。

（5）吹气压力方面。

吹塑中的压缩空气有两个作用；吹胀和冷却。低黏度，小容积或厚壁件宜采用低气压；高黏度，大容积或薄壁件宜采用较高压力。

（6）吹气速度方面。

为了缩短吹气时间，以利于制品获得较均匀厚度和较好的表面，充气速度应尽量大一些，但速度过快易产生以下现象：① 在空气进口处造成真空，使这部分的型坯内陷，而当型坯完全吹胀时，内陷部分会形成横隔膜片；② 口模部分的型坯有可能被极快的气流拉断。

（7）模具方面。

模具排气不良，夹气将障碍塑料型坯贴紧冷模壁，不仅冷却时间拉长且影响塑料的均匀固化，导致制品表现尤其是凹腔、波沟、转角处产生橘皮状斑点或局部变薄等缺陷，甚至在合模时出现模内受压空气膨胀，发生制品炸裂的异常现象。在模具设计中除分型线构成空气逸出的正常渠道外，其强化排气措施是在模腔表现开几条线槽，槽深以确保制品表面不受干状、不留痕迹为限。

六、思考题

（1）原料密度、MFR、分子量分布与挤出吹瓶工艺条件的关系？

（2）挤出吹塑与注射吹塑的工艺差别有哪些？

（3）改善挤出型胚下垂现象的方法有哪些？

实验六　手糊成型工艺实验

一、实验目的

（1）掌握手糊成型工艺的技术要点、操作程序和技巧。

（2）学会合理剪裁玻璃布、毡和铺设玻璃布、毡。

（3）进一步理解不饱和聚酯树脂和胶衣树脂配方、凝胶、固化和富树脂层等概念和实际意义。

二、实验原理

不饱和聚酯树脂中的苯乙烯既是稀释剂又是交联剂，在固化过程中不放出小分子，手糊制品几乎 90%是采用不饱和聚酯树脂作为基体。

本实验利用手糊工艺制备简单的玻璃纤维增强聚合物基复合材料制件。常温常压固化。

三、实验设备、材料和内容

1）设备与材料

（1）手糊工具：辊子、毛刷、刮刀、剪刀。

（2）玻璃纤维布、毡，不饱和聚酯树脂，引发剂，促进剂，颜料，脱模纸。

2）实验内容

（1）根据具体条件设计一种切实可行的制品。

（2）制品为 3 ~ 4 mm 厚，长、宽各为约 300 mm，形状自定。

（3）按制品要求剪裁玻璃布、毡。

（4）手糊工艺操作。

（5）固化后修毛边，如有可能还可装饰美化。

四、实验步骤

（1）玻璃布、毡剪裁。

① 按铺层顺序选择表面毡和玻璃布，并预算各自的层数。

② 按制品形状画出几何展开图，如圆锥形展开成扇形，球形可展开成瓜片形平面图，并

要按玻璃布拼接是搭接还是对接，算好具体形状的尺寸。

③ 复杂形状处可利用45°剪裁或斜纹布易变形的特点，尽量减少局部剪开的方法。

（2）手糊成型操作。

① 按制件形状和大小裁剪脱模纸备用。

② 配置胶衣树脂（按不饱和聚酯树脂常规配方，胶衣树脂也是不饱和聚酯树脂的一种），首先在脱模纸表面涂刷一层胶衣树脂，保证400 ~ 500 g/m^{2}的用量，稍候，观察胶衣树脂即将凝胶时，将表面毡轻轻铺放于表面，注意不要使表面毡过分变形，以贴合为宜。

③ 取引发剂与不饱和聚酯树脂按比例配合均匀，然后再加入促进剂，搅匀，马上淋浇在表面毡上，并用毛刷正压（不要用力刷涂，以免表面毡走样），使树脂浸透表面毡，观察不应有明显气泡。这一层是富树脂层，一般应保证65%以上的树脂含量。

④ 待表面毡和树脂凝胶时马上铺上第一层玻璃布，并立即涂刷树脂，一般树脂含量约50%。紧接着第二层、第三层依次重复操作，注意玻璃布接缝错开位置，每层之间不应有明显气泡，即不应有直径1 mm以上的气泡。

⑤ 最后外层是否需要使用表面毡应视制品要求。

（3）固化、脱模。

手糊完毕后需待制件达到一定强度后才能脱模，这个强度定义为能使脱模操作顺利进行而制品形状和使用强度不受损坏的起码强度，低于这个强度而脱模就会造成损坏或变形。通常气温在15 ~ 25 °C、24 h即可脱模；30 °C以上10 h对形状简单的制品可以脱模；气温低于15 °C则需要加热升温固化后再脱模。

（4）修剪毛边并美化装饰。

五、注意事项

用手糊生产因树脂固化收缩，形状易产生变化，其原因是复杂的，难以给出定量的解释，其中有原材料选择、成型过程控制方面的原因（如固化剂的用量和固化温度），也有制品形状、铺层构成、积层厚度变化、胶衣层厚度、拐角半径及补强材料的材质和配置等方面的原因，这些都是设计上的重要原因。在设计时必须充分考虑这问题。

（1）对于可能产生变形的平面，应选取提高断面二次惯性力矩的形状。

（2）拐角半径尽可能大些，壁厚均匀些。

（3）与箱形制品及棱角部位相连的平面，因棱角收缩产生应力易凹曲，稍微设计一点弧度是有效的。

（4）厚度急剧变化的部位易引起应力集中，应使壁厚平稳变化。

（5）脱模锥度最好在3°以上。

（6）厚度的尺寸精度不能用机加工的概念给出，但技术很高的工人可以把一层毡的厚度相当精确地做出来。设计时要计算出不同牌号毡的标准厚度，还必须同积层构图一起标出。

（7）制品的尺寸精度以模具面为基准来表示。

六、思考题

（1）手糊成型有什么优缺点？

（2）影响手糊成型工艺的主要因素有哪些？

实验七　酚醛塑料的模压成型

一、实验目的

（1）了解热固性塑料加工成型的基本原理。

（2）掌握酚醛压塑粉的配合工艺。

（3）掌握酚醛塑料和模压成型方法。

二、实验原理

热固性塑料是由热固性树脂为主要原料加上各种配合剂所组成的可塑性物料。常见的有酚醛、脲醛、密胺、环氧和不饱和聚酯等几大类。这些树脂的共同特点都是含有活性官能团的聚合物，在加工成型过程中能够继续发生化学反应，最终固化为制品。

热固性塑料也可以通过多种的成型方法和工艺，加工成型为各式各样的塑料制品。不同类型的热固性塑料的成型工艺有所不同，其中以酚醛塑料的压制成型最为重要。压制成型又分为模压和层压，模压又叫压缩模塑。本节仅就酚醛压塑粉模压实验为例，讨论热固性塑料的加工成型。

酚醛树脂是酚类化合物和甲醛缩聚反应的聚合物，其聚合方法又分为酸法和碱法，碱法树脂多为层压用料，酸法多为模压料。纯粹的酚醛树脂通常是不直接加工和应用的，大多数情况下，酚醛树脂都是与填料和其他配合剂通过一定的加工程序而成为热固性物料。用得最多的是酚醛压塑粉，其加工方法主要是压制，其次是注塑和挤出等成型。酚醛塑料制品有良好的物理机械性能和电性能。其制品种类繁多，应用广泛，特别是在电工、电器和电子工业等部门。

酚醛压塑粉是多组分塑料，一般由酸法酚醛树脂、固化剂、添加剂等组成。酸法酚醛树脂是线型分子低聚物，分子量通常是几百到几千。它是塑料的主体，六次甲基四胺是树脂的固化剂，它是碱性的，在受热或潮湿条件下分解出甲醛和氨气。

$$(CH_2)_6N_4 + 6H_2O \xrightarrow{\Delta} 6CH_2O + 4NH_3$$

酸法酚醛树脂与甲醛在碱性条件下，将进一步地缩合并且交联。

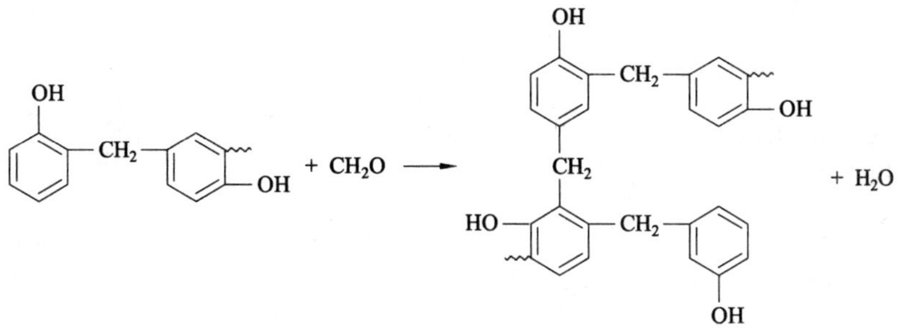

木粉是一种有机填料，实质是纤维素高分子化合物，使它分散于酚醛树脂的网状结构中，有增容、增韧及降低成本的作用。此外，纤维素中的羟基也可能参与树脂的交联，有利于改善制品的力学性能。

石灰和氧化镁都是碱性物质，对树脂的固化起到促进作用，也可以中和酚醛树脂中可能残存的酸，使交联固化完善，有利于提高制品的耐热性和机械强度。

硬酯酸盐类作为润滑剂，不但能增加物料混合和成型时的流动性，也利于成型时的脱模。

着色剂，酚醛树脂色深，其制品多为黑色或棕色，常用苯胺黑做着色剂。

酚醛压塑粉是酚醛树脂和上述各种配合剂通过一定的加工程序而制成的，首先是树脂粉碎后和配合剂的捏合混合，然后再在 130 °C 左右的温度下进行辊压塑炼，再经冷却、磨碎而成。压塑粉中的树脂已从原来的甲阶段到达乙阶段，具有适宜的流动性，也有一定的细度、均匀度及挥发物的含量，可以满足制品成型及使用的要求。

酚醛压塑粉的模压成型是一个物理-化学变化过程，压塑粉中的树脂在一定的温度和压力下，熔融、流动、充模而成型。树脂上的活性官能团发生了反应，分子间继续缩聚以至交联起来；在经过适宜的时间后，树脂从乙阶段推进到丙阶段，即从较难熔难溶的状态逐步发展到不熔不溶的三维网状结构，最终固化完全，保证了制品的性能。

模压成型工艺参数是温度、压力和时间。温度决定着压塑粉在模具中的流动状况和固化的速度。高温有利于缩短模压成型的周期，而且又能提高制品的表面光洁度等物理机械性能。但若过高的温度，树脂会因硬化太快而充模不完整，制品中的水分和挥发物排除不及，存在于制品中使制品性能不良。反之，若温度过低，物料流程短，流量小，交联固化不完善，生产周期延长，也是不宜的。通用型酚醛压塑粉的模压成型温度，一般控制在 145 ~ 185 °C 为宜。不同种类和不同的制品的模压温度须通过实验方法来确定。

模压压力是指完全闭模到脱模前这段时间的维持压力。压力的高低主要取决压塑粉的性能，模压温度高低与压制品的结构和压塑粉是否经过预热预压等都有关，过高过低都不宜。酚醛压塑粉模压成型压强通常是 10 ~ 40 MPa，压机的油缸表压可考虑压制面积等参数通过换算来确定。

模压的时间即保压时间，主要决定于塑粉在乙阶段时的硬化速度，和压制品的厚度、压制温度等也有关，模压时间 = 固化速度 × 制品厚度。模具温度达到模压温度时，通用型压塑粉的固化速度为 45 ~ 60 s/mm。

三、仪器和原料

（1）仪器。

① 100 t 电热油压机。

② 平板模具 2 副。

③ 电子控温装置。

④ 万能制样机。

⑤ 高阻计。

（2）原料与配方。

① 原料：酚醛树脂 PF2A2-141；PF2C3-431。

② 酚醛压塑粉的配方（通用型）（%，Wt）：

酸法酚醛树脂	100；
木粉	100；
六次甲基四胺	12.5；
石灰或氧化镁	3.0；
硬酯酸钙	2.0；
苯胺黑	1.0。

四、实验步骤

1）模　压

（1）实验前的准备。

模具预热是通过压机加热，严格控制上、下模板的温度一致，模压温度为 175 °C。向模具涂脱模剂。根据模型尺寸和压机参数计算模压成型的表压。从塑粉的硬化速度、制品厚度确定模压时间。

（2）加料闭模压制。

① 按照塑件质量 180 g 用天平称取一定量的酚醛压塑粉迅速加到压机上已预热 175 °C 的模具型腔内，使平整分布，中间略高，迅速合模。

② 加压闭模、放气。压机迅速施压到达成型所需的表压后，即泄压为 0 Pa，这样的操作反复两次，完成放气。

③ 压机升压到所需的成型表压为止（1 ~ 3 GPa）。

④ 保压固化。按工艺要求达到保压力的时间（5 ~ 15 min），使模具内塑料交联固化定型为酚醛塑料制品，趁热脱模。

2）切割制电性能样

3）测表面、体积电阻

五、注意事项

（1）要带干燥的手套操作，避免烫伤。

（2）加料动作要快，物料在模腔内分布要均匀，中部略高。上下模具定位对准，防止闭模加压时损坏模具。

（3）脱模时手工操作要注意安全，防止烫伤、砸伤及损坏模具。取出制品时用钢条帮助挖出来。脱出来的制品小心轻放，平整放置在工作台上冷却（压制品须冷却停放一天后进行性能测试）。

六、思考题

（1）酚醛塑料的模压成型原理与硬 PVC 压制成型原理有何不同？

（2）酚醛压塑粉模压温度和时间对制品质量影响如何？两者之间关系如何协调？

（3）热固性塑料模压成型为什么要排气？

（4）热固性塑料能否回收再利用？为什么？

实验八　三聚氰胺-甲醛树脂及其层压板的制备

一、实验目的

（1）了解三聚氰胺-甲醛树脂的合成方法及层压板制备。

（2）了解溶液聚合和缩合聚合的特点。

二、实验原理

三聚氰胺（M）-甲醛树脂（F）以及脲醛树脂通常称为氨基树脂。三聚氰胺-甲醛树脂是由三聚氰胺和甲醛缩合而成。层压用树脂的 M/F 物质的量投料比为 1：（2 ~ 3）。缩合反应是在碱性介质中进行，先生成可溶性预缩合物。

$$\underset{\text{(ring: C, N, C, N, C, N; C—}NH_2\text{)}}{H_2N—C_3N_3(NH_2)—NH_2} \xrightarrow{3CH_2O} \underset{\text{(ring: C, N, C, N, C, N; C—}NH_2\text{)}}{HOCH_2HN—C_3N_3(NH_2)—NHCH_2OH}$$

这些缩合物是以三聚氰胺的三羟甲基化合物为主，在 pH 值为 8 ~ 9 时，特别稳定。进一步缩合（如 N-羟甲基和 NH-基团的失水）成为微溶并最后变成不溶的交联产物。

$$—NHCH_2OH + HOCH_2NH— \longrightarrow —NHCH_2—\underset{\displaystyle CH_2OH}{\underset{|}{N}}— + H_2O$$

三聚氰胺-甲醛树脂吸水性较低，耐热性高，在潮湿情况下，仍有良好的电气性能，常用于制造一些质量要求较高的日用品和电气绝缘元件。

三、仪器及原料

（1）仪器。

油压机、铝合金板、四口烧瓶、搅拌器、回流冷凝管等。

（2）原料。

三聚氰胺（C.P）、乌洛托品（C.P）、甲醛水溶液（37%）（A.R）、三乙醇胺（C.P）、6 cm × 30 cm 滤纸两张。

四、实验步骤

1）合成树脂

在装有搅拌器、温度计、回流冷凝管的 250 mL 四口烧瓶中，分别加入 51 g 甲醛水溶液（37%）和 0.125 g 乌洛托品（分析天平称取）。开动搅拌使其溶解。在搅拌下，再加入 31.5 g 三聚氰胺，慢慢升温至 80 °C，使其溶解。待完全溶解后，开始测定其沉淀比，每隔 4 ~ 5 min，测定一次，直至沉淀比达到 2∶2，即可加入 3 ~ 5 滴三乙醇胺（约 0.15 g），使 pH 值为 8 ~ 9. 搅拌均匀后停止反应。

沉淀比的测量：向盛有 2 mL 蒸馏水的量筒中，慢慢滴入 2 mL 样品，摇晃使其混合均匀，若混合物呈微混浊，即沉淀比达 2∶2，停止反应。

2）滤纸浸渍

将所得溶液倾于培养皿内，将宽 6 cm × 30 cm 的滤纸（共两张），浸渍于树脂内，并用玻棒挤树脂，以保证每张滤纸浸渍足够树脂，然后取出，使过剩的树脂滴掉。把浸渍的滤纸用夹于固定在架子上，干燥过夜。

3）层　压

将浸好的干燥的纸张层叠整齐（剪成模框大小，6 ~ 8 层），置于光滑的铝合金板上，在油压机上于 135 °C，0.4 ~ 40 MPa 下，加热 15 min，关闭压机后，把样品趁热取出，即可制得层压塑料板。

五、注意事项

缩聚反应温度不能太高，时间不能太长，否则易交联成不溶不熔物。

六、思考题

（1）层压用三聚氰胺-甲醛树脂结构特点，说明合成条件的选择依据是什么？

（2）影响三聚氰胺-甲醛树脂合成反应的因素有哪些？

实验九　塑料的热成型

一、实验目的

（1）了解热成型原理和成型设备。
（2）掌握原材料片材的性能与热成型条件的关系。

二、实验原理

在高分子材料制品的生产中，为制得壁薄、表面积大、制品形状变化多的半壳形制品，常用热成型。工业化的热成型方法有多种，如差压成型、覆盖成型、柱塞助压成型以及回吸成型等。本实验采用真空差压成型法（见图 3-6、图 3-7），其工艺原理为：将热塑性塑料片材加热至一定的温度（$T_g \sim T_f$），固定在成型模具上，通过对模具抽真空使片材的上下两面形成压差，促使已软化的塑料片材产生热弹性变形而紧贴于模具型腔内表面，随后在压力的作用下冷却，将形变冻结下来，取得与模具型面相仿的形样，脱模后切除余边即得制品。

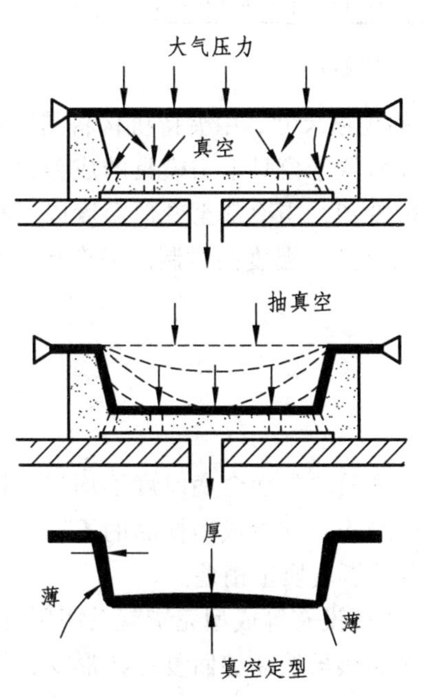

图 3-6　手动真空差压成型法示意图

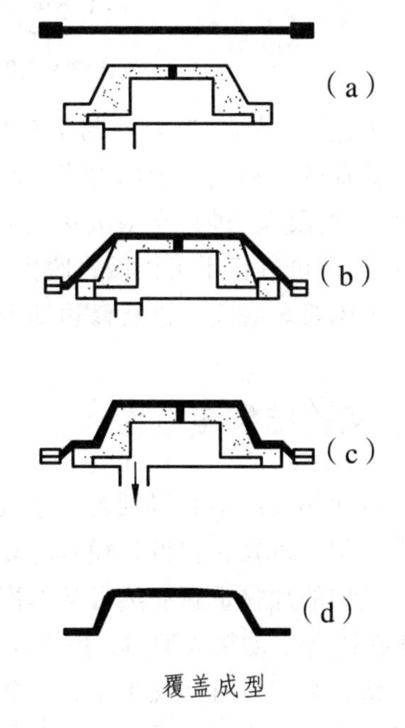

图 3-7　半自动真空差压成型法示意图

三、仪器及原料

仪器：真空吸塑机 1 台（远红外辐射加热），夹持片材框架 1 个，金属制饭盒式单阴模 1 个，剪刀、手套等实验用具。

原料：硬质 PVC 片材（500 mm × 0.35 mm）。

四、实验步骤

（1）手动机制作 PVC 饭盆的工艺流程图如图 3-8 所示。

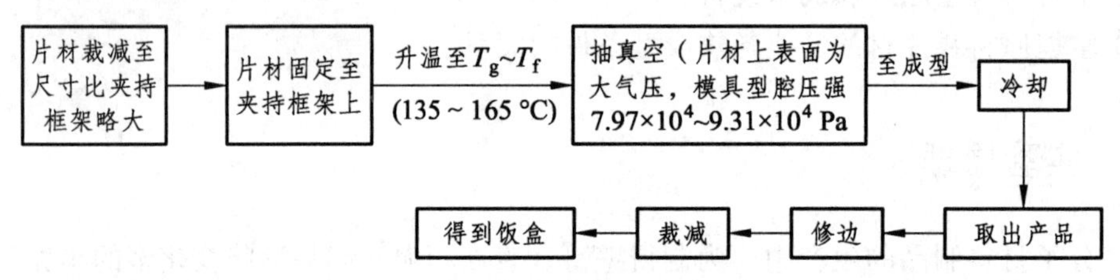

图 3-8　PVC 饭盒生产工艺流程简图

（2）半自动机制作 PVC 片材成品，如图 3-9 所示。

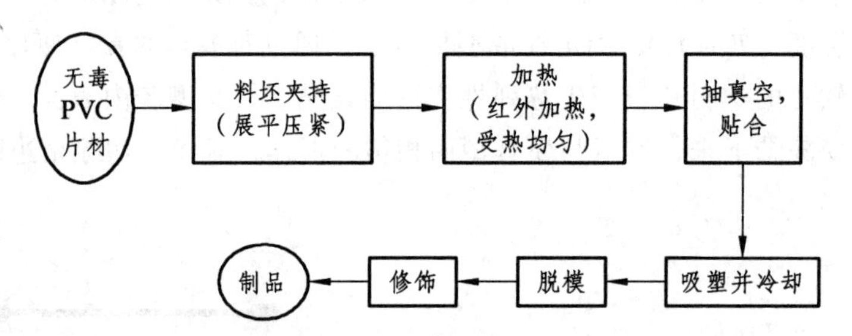

图 3-9　PVC 片材热成型实验流程图

具体工艺：首先将 PVC 片材按制品要求裁成一定的规格尺寸，用夹持机构将其固定，用红外加热器加热，控制一定的温度与时间。加热好的片材置于模具上与模具的成型面接触，同时开动真空系统，进行真空吸塑成型。吸塑完毕进行冷却，当冷却至变形温度以下时（一般几秒钟），即可进行手工机械式脱模。脱模时机一定要适当，温度高时制品易变形，温度低时造成脱模困难。脱模后进行修边即得制品。

五、实验结果与讨论

（1）本次热成型实验得到若干个饭盒，有的盒盖厚度较均匀而盒底厚度不均匀，越深处厚度越不均匀。可知，在设计模具时要尽量地使用对称结构，减少成型样品的不均匀度。此外，将已成型的片材重新加热可基本恢复原状，但制得的饭盒质量稍差。

（2）在进行手动热成型时，由于操作欠佳，有的可能还没有等成型完毕就关闭了真空阀，使制品的精细结构没有凸现出来，一看就是次品。再次加热虽然能够回复一些形变，但再次成型后就没有一次成型的看着透明性高，且缺陷多。

（3）半自动成型时，由于机器的模具制造和真空系统的不匹配，导致根本没有成型饭盒的出现，可讨论改进的方法或工艺。

六、思考题

（1）与注射成型比较，热成型工艺及其制品有何特点？
（2）影响热成型制品质量的主要工艺因素有哪些？成型温度的选择依据是什么？

实验十　天然橡胶硫化模压成型

一、实验目的

（1）掌握橡胶制品配方设计的基本知识和橡胶模塑硫化工艺。

（2）熟悉橡胶加工设备（如开炼机、平板硫化机等）及其基本结构，掌握这些设备的操作方法。

二、实验原理

生胶是橡胶弹性体，属线型高分子化合物。高弹性是它的最宝贵的性能，但是过分的强韧高弹性会给成型加工带来很大的困难，而且即使成型的制品也没有实用的价值，因此，它必须通过一定的加工程序，才能成为有使用价值的材料。

塑炼和混炼是橡胶加工的两个重要的工艺过程，通称炼胶，其目的是要取得具有柔软可塑性，并赋予一定使用性能的、可用于成型的胶料。

生胶的分子量通常都是很高的，从几十万到百万以上。过高的分子量带来的强韧高弹性给加工带来很大的困难，必须使之成为柔软可塑性状态才能与其他配合剂均匀混合，这就需要进行塑炼。塑炼可以通过机械的、物理的或化学的方法来完成。机械法是依靠机械剪切力的作用借以空气中的氧化作用使生胶大分子降解到某种程度，从而使生胶弹性下降而可塑性得到提高，目前此法最为常用。物理法是在生胶中充入相容性好的软化剂，以削弱生胶大分子的分子间力而提高其可塑性，目前以充油丁苯橡胶用得比较多。化学塑炼则是加入某些塑解剂，促进生胶大分子的降解，通常是在机械塑炼的同时进行的。

本实验是天然橡胶的加工，选用开炼机进行机械法塑炼。天然生胶置于开炼机的两个相向转动的辊筒间隙中，在常温（小于 50 °C）下反复被机械作用，受力降解。与此同时降解后的大分子自由基在空气中的氧化作用下，发生了一系列力学与化学反应，最终可以控制达到一定的可塑度，生胶从原先强韧高弹性变为柔软可塑性，满足混炼的要求。塑炼的程度和塑炼的效率主要与辊筒的间隙和温度有关，若间隙越小、温度越低，力化学作用越大，塑炼效率越高。此外，塑炼的时间，塑炼工艺操作方法及是否加入塑解剂也影响塑炼的效果。

生胶塑炼的程度是以塑炼胶的可塑度来衡量的，塑炼过程中可取样测量，不同的制品要求具有不同的可塑度，应该严格控制，过度塑炼是有害的。

混炼是在塑炼胶的基础上进行的又一个炼胶工序。本实验也是在开炼机上进行的。为了取得具有一定的可塑度且性能均匀的混炼胶，除了控制辊距的大小，适宜的辊温（小于 90 °C）之外，必须注意按一定的加料混合程序进行。即量小难分散的配合剂首先加到塑炼胶中，让它有较长的时间分散；量大的配合剂则后加。硫磺用量虽少，但应最后加入，因为硫磺一旦加入，便可能发生硫化效应，过长的混合时间将使胶料的工艺性能变坏，于其后的半成品成型及硫化工序都不利。不同的制品及不同的成型工艺要求混炼胶的可塑度、硬度等都是不同的。

当列配方中的硫磺含量在 5 份之内，交联度不很大，所得制品柔软。选用两种促进剂对天然胶的硫化都有促进作用，不同的促进剂协同使用，是因为它们的活性强弱及活性温度有所不同，在硫化时将促进交联作用更加协调、充分显示促进效果。助促进剂即活性剂在炼胶和硫化时起活化作用，防老剂多为抗氧剂，用来防止橡胶大分子因加工及其后的应用过程的氧化降解作用，以达到稳定的目的。石蜡与大多数橡胶的相容性不良，能集结于制品表面起到滤光阻氧等防老化效果，并且对于加工成型有润滑性能。碳酸钙作为填充剂有增容及降低成本作用，其用量多少将影响制品的硬度。

天然软质硫化胶片，其成型方法采用模压法，通常又称为模型硫化。它是一定量的混炼胶置于模具的型腔内通过平板硫化机在一定的温度和压力下成型同时经历一定的时间发生适当的交联反应，最终取得制品的过程。天然橡胶是异戊二烯的聚合物，硫化反应主要发生在大分子间的双键上。其机理为在适当的温度，特别是达到了促进剂的活性温度下，由于活性剂的活化及促进剂的分解成游离基，促使硫磺成为活性硫，同时聚异戊二烯主链上的双键打开形成橡胶大分子自由基，活性硫原子作为交联键桥使橡胶大分子间交联起来而成立体网状结构。双键处的交联程度与交联剂硫磺的用量有关。硫化胶作为立体网状结构并非橡胶大分子所有的双键处都发生了交联，交联度与硫磺的量基本上是成正比关系的。所得的硫化胶制品实际上是松散的、不完全的交联结构。成型时施加一定的压力既有利于活性点的接近和碰撞，促进交联反应的进行，也利于胶料的流动。硫化过程须保持一定的时间，以保证交联反应达到配方设计所要求的程度。硫化过后，不必冷却即可脱模，模具内的胶料已交联定型为橡胶制品。

三、仪器和原料

（1）仪器设备：

双辊筒炼胶机（SK-160B 型）	1 台；
平板硫化机（XLB-D 350 mm × 350 mm × 2）	1 台；
模板	1 副；
浅搪瓷盘	1 个；
温度计（0 ~ 300 °C）	2 支；
天平（感量 0.01 g）	1 台。

备齐铜铲、手套、剪刀等实验用具。

（2）原材料（%，Wt）

天然橡胶（NR）	100.0；
硫磺	2.5；
促进剂 CZ	1.5；

促进剂 DM	0.5；
硬脂酸	2.0；
氧化锌	5.0；
轻质碳酸钙	40.0；
石蜡	1.0；
防老剂 4010-NA	1.0；
着色剂	0.1。

四、实验步骤

1）配　料

按“三、仪器和原料”中列的配方准备原材料，准确称量并复核备用。

2）生胶塑炼

（1）按照机器的操作规程开动双辊开炼机，观察机器是否运转正常。

（2）破胶。调节辊距 2 mm，在靠近大齿轮的一端操作以防损坏设备。生胶碎块依次连续投入两辊之间，不宜中断，以防胶块弹出伤人。

（3）薄通。胶块破碎后，将辊距调至 1 mm，辊温控制在 45 °C 左右。将破胶后的胶片在大齿轮的一端加入，使之通过辊筒的间隙，使胶片直接落到接料盘内。当辊筒上已无堆积胶时，将胶片折叠重新投入到辊筒的间隙中，继续薄通到规定的薄通次数为止。

（4）捣胶。将辊距调至 1 mm，使胶片包辊后，手握割刀从左向右割至近右边边缘（不要割断），再向下割，使胶料落在接料盘上，直到辊筒上的堆积胶将消失时才停止割刀。割落的胶随着辊筒上的余胶带入辊筒的右方，然后再从右向左方向同样割胶。这样的操作反复操作多次。

（5）辊筒的冷却。由于辊筒受到摩擦生热，辊温要升高，应经常以手触摸辊筒，若感到烫手，则适当通入冷却水，使辊温下降，并保持不超过 50 °C。

（6）经塑炼的生胶称塑炼胶，塑炼过程要取样作可塑度实验，达到所需塑炼程度时为止。

3）胶料混炼

（1）调节辊筒温度在 50 ~ 60 °C，后辊较前辊略低些。

（2）包辊。塑炼胶置于辊缝间，调整辊距使塑炼胶既包辊又能在辊缝上部有适当的堆积胶。经 2 ~ 3 min 的辊压、翻炼后，使之均匀连续地包裹在前辊筒上，形成光滑无隙的包辊胶层。取下胶层，放宽辊距至 1.5 mm，再把胶层投入辊缝使其包于后辊，然后准备加入配合剂。

（3）吃粉。按如下顺序分别加入不同配合剂。

① 首先加入固体软化剂，这是为了进一步增加胶料的塑性以便混炼操作；同时因为分散困难，先加入是为了有较长时间混合，有利于分散。

② 加入促进剂、防老剂和硬酯酸。促进剂和防老剂用量少，分散均匀度要求高，也应较早加入便于分散。此外，有些促进剂如 DM 类对胶料有增塑效果，早些加入利于混炼。防老剂早些加入可以防止混炼时可能出现温升而导致的老化现象。硬脂酸是表面活性剂，它可以改善亲水性的配合剂和高分子之间的湿润性，当硬脂酸加入后，就能在胶料中得到良好的分散。

③ 加入氧化锌。氧化锌是亲水性的，在硬脂酸之后加入有利于其在橡胶中的分散。

④ 加入补强剂和填充剂。这两种助剂配比较大，要求分散好本应早些加入，但由于混炼时间过长会造成粉料结聚，应采用分批、少量投入法，而且需要较长的时间才能逐步混入到胶料中。

⑤ 液体软化剂具有润滑性，又能使填充剂和补强剂等粉料结团，不宜过早加入，通常要在填充剂和补强剂混入之后再加入。

⑥ 硫磺是最后加入的，这是为了防止混炼过程出现焦烧现象，通常在混炼后期加入。

吃粉过程每加入一种配合剂后都要捣胶两次。在加入填充剂和补强剂时要让粉料自然地进入胶料中，使之与橡胶均匀接触混合，而不必急于捣胶；同时还需逐步调宽辊距，堆积胶保持在适当的范围内。待粉料全部吃进后，由中央处割刀分往两端，进行捣胶操作促使混炼均匀。

4）翻　炼

全部配合剂加入后，将辊距调至 0.5 ~ 1.0 mm，通常用打三角包、打卷或折叠及走刀法等进行翻炼至符合可塑度要求时为止。翻炼过程应取样测定可塑度。

（1）打三角包法：将包辊胶割开用右手捏住割下的左上角，将胶片翻至右下角；用左手将右上角胶片翻至左下角，以此动作反复至胶料全部通过辊筒。

（2）打卷法：将包辊胶割开，顺势向下翻卷成圆筒状至胶料全部卷起，然后将卷筒胶垂直插入辊筒间隙，这样反复至规定的次数，即混炼均匀为止。

（3）走刀法：用割刀在包辊胶上交叉割刀，连续走刀，但不割断胶片，使胶料改变受剪切力的方向，更新堆积胶，翻炼操作通常是 3 ~ 4 min，待胶料的颜色均匀一致，表面光滑即可终止。

5）混炼胶的称量

按配方的加入量，混后胶料的最大损耗为总量的 0.6%以下，若超过这一数值，胶料应予报废，须重新配炼。

6）混炼时应注意的事项

（1）在开炼机上操作必须按操作规程进行，要求高度集中注意力。

（2）割刀时必须在辊筒的水平中心线以下部位操作。

（3）禁止戴手套操作。辊筒运转时，手不能接近辊缝处；双手尽量避免越过辊筒水平中心线上部，送料时手应作握拳状。

（4）遇到危险时应立即触动安全刹车。

（5）留长辫子的学生要求戴帽或结扎成短发后操作。

7）胶料模型硫化

模型硫化是在平板硫化机上进行的。所用模具是型腔尺寸为 160 mm × 120 mm × 2 mm 的橡胶标准试片用平板模。

（1）混炼胶试样的准备。

将混炼胶裁剪成一定的尺寸备用。胶片裁剪的平面尺寸应略小于模腔面积，而胶片的体积要求略大于模腔的容积。

（2）模具预热。

模具经清洗干净后，可在模具内腔表面涂上少量脱模剂，然后置于硫化机的平板上，在硫化温度 145 °C 下预热约 30 min。

（3）加料模压硫化。

将准备好的胶料放入已预热好的模腔内，并立即合模置于压机平板的中心位置，然后开动压机加压，胶料硫化压力为 2.0 MPa。当压力表指针指示到达所需的工作压力时，开始记录硫化时间。本实验要求保压硫化时间为 10 min，在硫化到达预定时间稍前时，去掉平板间的压力，立即趁热脱模。

（4）试片制品的停放。

脱模后的试片制品放在平整的台面上在室温下冷却并停放 6 ~ 12 h，才能进行性能测试。

五、思考题

（1）天然生胶、塑炼胶、混炼胶和硫化胶，它们的机械性能和结构实质有何不同？

（2）影响天然胶塑炼和混炼的主要因素有哪些？

（3）胶料配方中的促进剂为何通常不只用一种？

实验十一　塑料的焊接实验

一、实验目的

（1）加深对塑料二次加工的理解，了解几种焊接方法原理。
（2）了解塑料焊机的基本结构，掌握塑料的焊接技术。
（3）掌握塑料粘接、热合技术。

二、实验原理

在一定的条件下，将塑料片、膜、管、板、棒及模制品等型材或坯件通过再次加工成制品的方法，称为塑料的二次加工。

二次加工有机械加工、表面修饰、连接等方法。

借用切削金属和木材等的机械加工方法对塑料进行加工称为塑料的机械加工。当要求制品的尺寸精度高、数量少时，采用机械加工的方法最为相宜。另外，机械加工还常作为多种成型的辅助方法，如锯切层压成型板及挤出成型的管、棒、异型材等。

塑料的机械加工有车削、铣削、钻孔、铰孔、钻孔、攻丝、车螺牙、锯切、剪切、冲切、冲孔等。

修饰方法有① 锉削；② 转鼓滚光；③ 磨削；④ 抛光；⑤ 溶浸增亮和透明涂层；⑥ 彩饰；⑦ 涂盖金属（以金属覆盖在塑料制品表面的方法都为涂盖金属，常用方法有烫金、电镀、化学镀、真空蒸镀等）；⑧ 植绒等。

塑料印刷是装饰塑料制品的一种常用工艺。它是经过不同的方法，给塑料制品的表面装饰上文字或绚丽多彩的图案，让人们在使用中有一美的享受。印刷方法目前有凸版印刷、凹版印刷、丝网印刷、转移印刷等。塑料印刷工艺流程如图 3-10 所示。

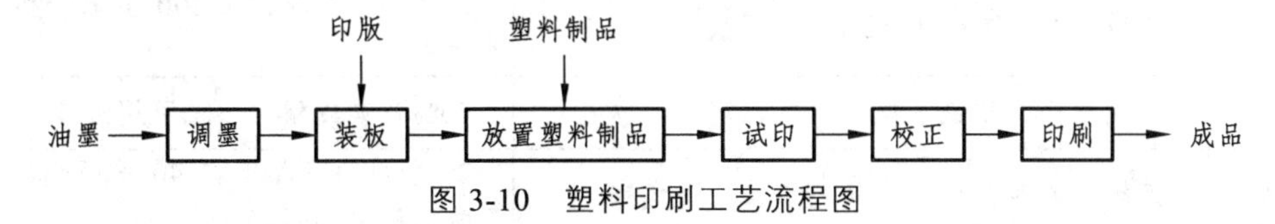

图 3-10　塑料印刷工艺流程图

烫金就是利用加热和压力的作用将烫印材料（电化铝膜）上的彩色铝箔转移到塑料表面而获得优美的图案，起到装饰效果。

装配方法主要有粘接、焊接和铆接、焊接、螺栓连接等。

1）粘　接

粘接就是通过黏合剂使塑料与塑料或其他材料彼此连接的作业。粘接可使简单部件成为复杂完整的大件。塑料的应用领域广阔，在各种应用中，常常需要进行塑料与塑料、塑料与金属或塑料与其他材料的粘接。合适的工艺条件与黏合剂选择是良好粘接的关键。

塑料的粘接有几个优点：接头处应力均匀；强度与质量比值高；表面平滑；能有效地防潮、耐腐蚀；绝缘、耐振及经济、简便等。

粘接有几个要点：

（1）被粘接表面应力求平整、清洁，但不要抛光。光泽的表面不利于粘接。

（2）被粘表面切忌有油污、灰砂、杂质、脱模剂等，即使只有微量都会降低粘接强度。

（3）注意黏合剂的工艺条件。

（4）选择合适的接头形式。塑料的接头形式有搭接、对接、斜接、凹凸接等多种形式。

具体选择时可参考几个原则：① 尽量使胶层受到的力为剪切力或拉力；② 尽量避免胶层受剥离力和不均匀的扯离力的作用；③ 在可能的情况下，尽量增大粘接面积。

黏合剂一般分为溶剂或溶液黏合剂和部分聚合物黏合剂。

溶剂或溶液粘接就是凭借溶剂（溶液）对被粘接塑料的溶解和粘接后溶剂（溶液）的挥发而实现粘接（见表 3-4）。能溶解塑料的溶剂即可作为该种塑料的粘接剂。所选用的溶剂，其挥发性不宜太大，因为挥发太快会造成未粘接区产生内应力、裂纹。若挥发太慢，粘接时间将加长。通常是在溶剂中加入适量的稀释剂以调节其挥发性。用溶剂粘接时，被粘接的塑料制品最好事先经过热处理，不然在涂覆溶剂后常会有碎裂的危险。这类黏合剂可以粘接部分热塑性塑料。

表 3-4　部分塑料常用的溶剂与溶液黏合剂

塑料种类	溶剂黏合剂	溶液黏合剂实例
PS	苯、甲苯、乙苯、二甲苯、乙酸乙脂、二氯甲烷	聚苯乙烯或丙烯酸酯类树脂的二氯甲烷溶液
ABS	酮类、酯类、氯化烃类	10 份 ABS、甲苯和二氯甲烷各 50 份配成的溶液
PMMA	二氯甲烷、三氯甲烷、冰醛酸	10 份有机玻璃与 100 份三氯甲烷
PVC	环己酮、四氯呋喃、甲乙酮、二氯甲烷	10%过氯乙烯的二氯甲烷溶液、10%过氯乙烯的环己酮溶液
PA	苯酚水溶液（含水 12%）、甲酸	尼龙 5～7 份加入 100 份苯酚和 7～10 份水中
PC	二氯甲烷、三氯甲烷、二氯乙烷、三氯乙烷	40%聚碳酸酯的三氯甲烷溶液
纤维素塑料	丙酮、乙酸乙酯、二氯乙烷、乙酸戊脂	20 份纤维素塑料在 40 份丙酮和 20 份乙酸乙酯中的溶液

部分聚合产物黏合剂是指被粘塑料的部分聚合产物或其他部分聚合产物和催化剂、促进剂组成的混合物。它们在粘接后都能于室温下或比被粘塑料软化点低的温度下进行近于完全的聚合。这类黏合剂可以粘接热塑性塑料和热固性塑料。

用于聚苯乙烯的黏合剂就有环氧树脂、酚甲醛-聚乙烯缩丁醛树脂、聚酯树脂、丁橡胶、聚氨酯橡胶等；适用于酚醛树脂的黏合剂除了适用于聚苯乙烯的五种黏合剂外，还有氯丁橡胶等。另外，还有可以粘接金属、木材、陶瓷等材料的黏合剂，例如，聚苯乙烯可用酚甲醛聚乙烯缩丁醛树脂与金属粘接，可用天然橡胶（水基）与陶瓷、木材、橡胶等粘接。使用此类黏合剂时，接头应考虑使用机加工方式或砂磨，使结合表面粗糙以利于增加粘接强度。

2）焊　接

焊接就是加热熔化使塑料部件间接合的作业。

粘接工艺生产效率低并且胶黏剂都有一定的毒性，容易引起环境污染和危害生产人员健康的不良后果。所以，塑料焊接工艺得到了越来越广泛的应用。

热板焊接可能是最简单的塑料焊接技术，但这种方式特别适合于需要大面积焊接面的大型塑料件的焊接，一般是用平面电热板将需焊接的两平面熔融软化后迅速移去电热板合并两平面并加力至冷却。这种方法焊接装置简单，焊接强度高，制品、焊接部的形状设计相对来说比较容易。但由热板产生的热量使制品软化，周期较长；熔融的树脂会黏附到电热板上且不易清理（电热板表面涂 F4 可减轻这种现象），时间长了形成杂质影响粘接强度；需严格控制压力和时间保证适当的熔融量；当不同种类的树脂或金属与树脂相接合时，会出现强度不足的现象。

热风焊接就是当热风气流直接吹向接缝区时，导致接缝区和与母材同材质的填充焊丝熔化。通过填充材料与被焊塑料熔化在一起而形成焊缝。这种焊接方法焊接设备轻巧容易携带，但对操作者的焊接技能要求比较高。

热棒和脉冲焊接这两项技术主要用在连接厚度较小的塑料薄膜的焊接，并且这两种方法相似，都是将两片薄膜紧压在一起，利用热棒或镍铬丝产生的瞬间热量完成焊接。

超声波焊接就是使用高频机械能软化或熔化接缝处的热塑性塑料。被连接部分在压力作用下固定在一起，然后再经过频率通常为 20 ~ 40 kHz 的超声波振动，换能器把大功率振动信号，转换为相应的机械能，施加于所需焊接的塑料件的接触界面，焊件接合处剧烈摩擦瞬间产生高热量，从而使分子交替熔合，从而达到焊接效果。

高频焊接是利用电磁感应原理高频感应加热技术，穿透塑料制品对埋藏于塑料件内部的感应体或磁性塑料产生感应加热，被焊塑料在快速交变电场中可以产生热量而使需焊接部位迅速软化熔融，继而填充接口间隙，并以完善的机械装置辅助达到完美焊接。产生高频感应的最为常用的方法是，利用高频电流通过线圈，从而得到一个强大的高频磁场。感应体（即发热体）一般为铁、铝、不锈钢等材料，但也使用通过添加磁性物质加工而成的磁性复合塑料。

红外线焊接这项技术类似于电热板焊接，将需要焊接接的两部分固定在贴近电热板的地方但不与电热板接触。在热辐射的作用下，连接部分被熔融，然后移去热源，将两部分对接，压在一起完成焊接。这种方式不产生焊渣、无污染，焊接强度大，主要用于 PVDF、PP 等精度要求很高的管路系统的连接。

激光焊接就是将激光器产生的光束（通常存在于电磁光谱红外线区的集束强辐射波）通过反射镜、透镜或光纤组成的光路系统，聚焦于待焊接区域，形成热作用区，在热作用区中的塑料被软化熔融，在随后的凝固过程中，已融化的材料形成接头，待焊接的部件即被连接起来，通常用于 PMMA、PC、ABS、LDPE、HDPE、PVC、PA6、PA66、S 等透光性好的材料，在热作用区添加炭黑等吸收剂增强吸热效果。

3）机械连接

机械连接就是借机械力塑料部件之间或与其他材料的部件连接的方法都称为机械连接。

本实验采用塑料焊机进行板材的焊接，用黏合剂对塑料板片进行粘接，用热合机对塑料薄膜进行热合实验。

三、仪器及原料

（1）仪器：直尺、锉刀、砂纸、塑料焊机、塑料热合机、万能制样机。

（2）原料：聚氯乙烯（PMMA、PS、PE、PP、PA 等）板材、聚乙烯薄膜、塑料焊条、黏合剂等。

四、实验步骤

1）塑料焊接

（1）用万能制样机将塑料板材裁成所需大小规格的试样，将试样接口挫成一定角度。

（2）焊接部件之间应留有一定间隙（0.4 ~ 1.5 mm），以便使熔化的焊条能够延伸到底部，从而保证焊接强度。

（3）焊枪通电加热，当热气流的温度达到焊接要求时，开始焊接。焊枪与接口处应保持一定距离，并要轻微摆动焊枪，以便使喷出的热气流对焊接面和焊条均匀地加热，焊条与焊接面应保持 90°，待焊条和焊接面熔化时，将焊条以适当的压力下压，并沿焊接方向等速前进，控制在 0.3 ~ 0.6 m/min 为宜。

2）塑料粘接

（1）用万能制样机将塑料板材裁成所需大小规格的试样，清理试样表面，试样被粘部位表面应平整、清洁、无油污和脱模剂等。

（2）用适当溶剂粘接试样。

（3）用适当的黏合剂粘接试样。

3）塑料热合

（1）用裁纸刀将薄膜裁成规定的大小。

（2）根据样品的软化温度设定热合温度和时间。

（3）将薄膜送到热合机上热合。用简易法测定所热合的质量。

五、实验注意事项

（1）焊枪在加热吹风时，热气流温度高达 200 ~ 2 000 °C，应加以注意，不要对可燃物吹风，更不能对人吹风。

（2）焊接时不能温度过高（不能使焊条完全熔化和流动），以免塑料受热分解。要特别注意分解时放出的有毒气体。

（3）注意溶剂的可燃性和毒性。

（4）注意调整热合温度和时间。

六、思考题

（1）塑料可焊接的原理是什么？

（2）焊接温度过高，焊隙发黄或烧焦，对焊接强度有何影响？为什么？

（3）塑料粘接的原理是什么？

（4）塑料热合的原理是什么？

第四部分　高分子材料性能测试

实验一　转矩流变仪实验

一、实验目的

（1）了解转矩流变仪的基本结构及其适应范围。
（2）熟悉转矩流变仪的工作原理及其使用方法。
（3）掌握聚氯乙烯（PVC）热稳定性的测试方法。

二、实验原理

物料被加到混炼室中，受到两个转子所施加的作用力，使物料在转子与室壁间进行混炼剪切，物料对转子凸棱施加反作用力，这个力由测力传感器测量，在经过机械分级的杠杆和臂转换成转矩值的单位牛顿·米（N·m）读数。其转矩值的大小反映了物料黏度的大小。通过热电偶对转子温度的控制，可以得到不同温度下物料的黏度。

转矩数据与材料的黏度直接有关，但它不是绝对数据。绝对黏度只有在稳定的剪切速率下才能测得，在加工状态下材料是非牛顿流体，流动是非常复杂的湍流，有径向的流动也有轴向的流动，因此不可能将扭矩数据与绝对黏度对应起来。但这种相对数据能提供聚合物材料的有关加工性能的重要信息，这种信息是绝对法的流变仪得不到的。因此，实际上相对和绝对法的流变仪是互相协同的。从转矩流变仪可以得到在设定温度和转速（平均剪切速率）下扭矩随时间变化的曲线，这种曲线常称为“扭矩谱”，除此之外，还可同时得到温度曲线、压力曲线等信息。在不同温度和不同转速下进行测定，可以了解加工性能与温度、剪切速度的关系，如图 4-1 所示。转矩流变仪在共混物性能研究方面应用最为广泛。转矩流变仪可以用来研究热塑性材料的热稳定性、剪切稳定性、流动和固化行为。

各段意义分别如下：

OA——在给定温度和转速下，物料开始粘连，转矩上升到 *A* 点；

AB——受转矩旋转作用，物料很快被压实（赶气），转矩下降到 *B* 点（有的样品没有 *AB* 段）；

BC——物料在热和剪切力的作用下开始塑化（软化或熔融），物料即由粘连转向塑化，转

矩上升 C 点；

CD——物料在混合器中塑化，逐渐均匀。达到平衡，转矩下降到 D；

DE——维持恒定转矩，物料平衡阶段（至少在 90 s 以上）；

E 以后——继续延长塑化时间，导致物料发生分解、交联、固化，使转矩上升或下降。

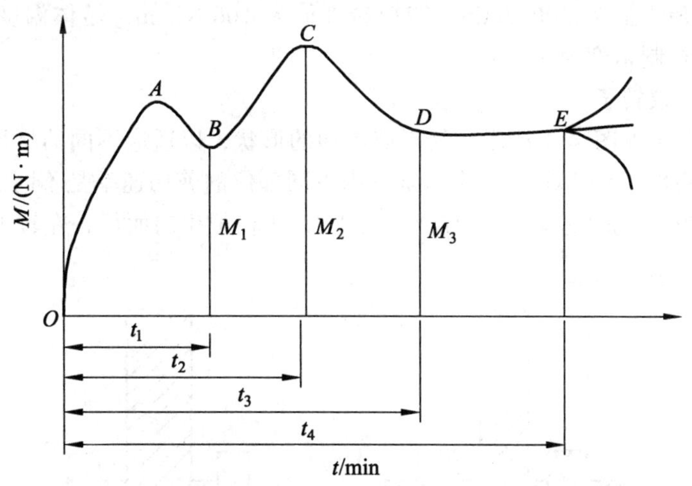

图 4-1　一般物料的转矩流变曲线（但有些样品没有 AB 段）

三、仪器和原料

1）仪　器

转矩流变仪，本实验以密炼机式转矩流变仪，如图 4-2 所示。

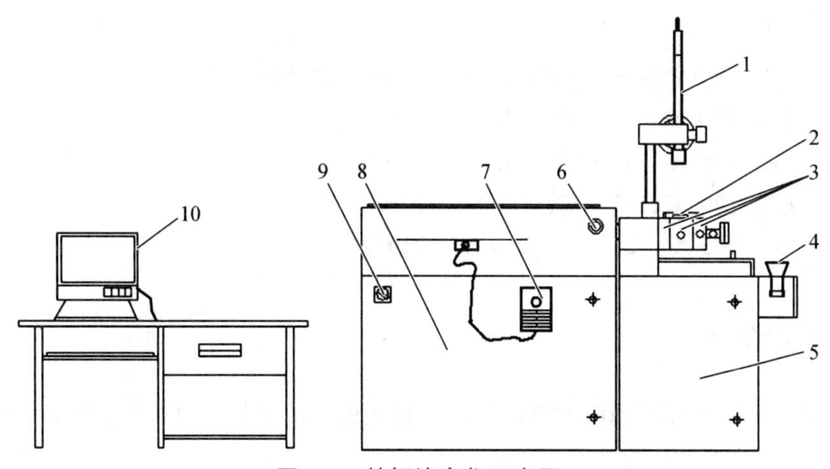

图 4-2　转矩流变仪示意图

1—压杆；2—加料口；3—密炼室；4—漏料；5—密炼机；6—紧急制动开关；7—手动面板；8—驱动及扭矩传感器；9—开关；10—计算机

（1）转矩流变仪的组成。

① 密炼机，内部配备压力传感器、热电偶，测量测试过程中的压力和温度的变化。

② 驱动及转矩传感器。转矩传感器是关键设备，用它测定测试过程中转矩随时间的变化。

转矩的大小反映了材料在加工过程中许多性能的变化。

③ 计算机控制装置，用计算机设定测试的条件如温度、转速时间等，并可记录各种参数（如温度、转矩和压力等）随时间的变化。

（2）性能指标。

密炼机转速最大值为 200 r/min；转矩最大值为 100 N · m；熔体温度测量范围为室温至 300 °C，温度控制精度为 ± 1 °C。

（3）扭矩流变仪转子。

转矩流变仪转子如图 4-3 所示，转子有不同的形状，以适应不同的材料加工。本密炼机配备的转子为西格玛（Σ）型转子。在密炼室内不同部位的剪切速率是不同的，两个转子有一定的速比，一般为 3∶2（左转子、右转子之比），两转子相向而行，左转子为顺时针，右转子为逆时针。

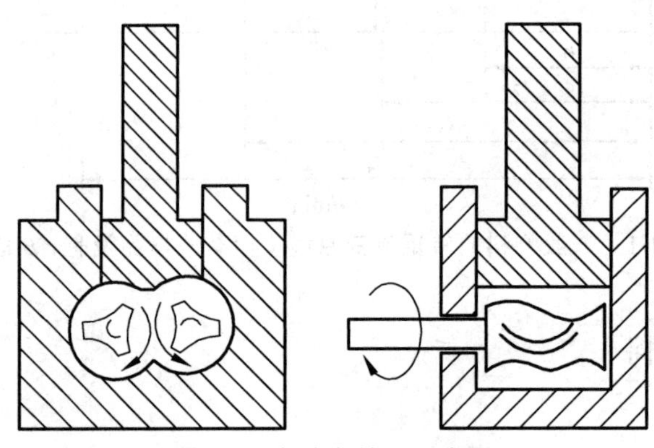

图 4-3　密炼室转子示意图

2）原　料

测定聚乙烯、聚丙烯树脂不同温度下流变性能，具体如下。

第一组：PE，170 °C、175 °C、180 °C、185 °C。

第二组：PE，185 °C、190 °C、195 °C、200 °C。

第三组：PP，190 °C、195 °C、200 °C、205 °C。

第四组：PP，205 °C、210 °C、215 °C、220 °C。

四、实验步骤

（1）称量。按照上面所列配方准确称量，加入试样的质量（M）应按照下式计算。

$$M=(V-V_{\mathrm{r}})\times\rho\times0.69 \tag{4-1}$$

而且

$$V-V_{\mathrm{r}}=70$$

式中，V——密炼室的容积，mL；

V_{r}——转子的体积，mL；

ρ——物料密度，g/mL。

为便于对试样的测试结果进行比较，每次应称取相同质量的试样。

（2）合上总电源开关，打开扭矩流变仪上的开关（这时手动面板上 STOP 和 PROGRAM 的指示灯变亮），开启计算机。

（3）10 min 后按下手动面板上的 START，这时 START 上的指示灯变亮。

（4）双击计算机桌面的转矩流变仪应用软件图标，然后按照一系列的操作步骤（由实验教师对照计算机向学生讲解完成），通过这些操作，完成实验所需温度、转子转速及时间的设定。

（5）当达到实验所设定的温度并稳定 10 min 后，开始进行实验。先对转矩进行校正，并观察转子是否旋转，转子不旋转不能进行下面的实验，当转子旋转正常时，才可进行下一步实验。

（6）点击开始实验快捷键，将原料加入密炼机中，并将压杆放下用双手将压杆锁紧。

（7）实验时仔细观察转矩和熔体温度随时间的变化。

（8）到达实验时间，密炼机会自动停止，或点击结束实验快捷键可随时结束实验。

（9）提升压杆，依次打开密炼机两块动板，卸下两个转子，并分别进行清理，准备下一次实验用。

（10）待仪器清理干净后，将已卸下的动板和转子安装好。

五、思考题

（1）转矩流变仪在聚合物成型加工中有哪些方面的应用？

（2）加料量、转速、测试温度对实验结果有哪些影响？

实验二　塑料的热老化实验

一、实验目的

（1）熟悉老化箱的使用方法。

（2）测定经过老化后的塑料物理机械性能，推算 PVC 的贮存寿命期。

二、实验原理

塑料在加工、储存和许多使用场合，热对其老化过程往往起着主要的作用，因此在防老化的研究中，热老化实验是一种人工加速老化的基本方法。目前广泛采用的有烘箱老化法和氧吸收法等数种，本实验采用的是烘箱老化法。实验时，将塑料试样挂在给定的条件（如风速、温度等）的热化箱内，经过一定时间后，取出试样，测定物理机械性能的变化，从而评定该塑料的耐老化性能，推测出储存和使用期限，此法直观简便，得到普遍采用。

三、实验设备

老化箱由箱体加热调温装置、鼓风装置、试样转架组成。

四、实验步骤

1）试样要求

（1）薄膜试样，其尺寸总长 L 为 120 mm。标距（或有效部分）G_0 为 50 ± 0.5 mm；夹具间距离 H 为 80 mm；宽度 W 为 10 mm。

（2）所有试样应平整，无气泡、裂纹、分层和加工损伤等缺陷，各向异性材料应沿纵向、横向分别取样。

（3）每组试样为 5 个。

2）试样条件

（1）热老化时间，按试样要求确定。

（2）温度：低于塑料的熔点或流动温度为 20 ~ 40 °C。

（3）鼓风，由设备结构而定。

3）步　骤

（1）用刀裁取薄膜试样（用冲片机），同时将试样整理编号。

（2）将各个试样悬挂在试样转架上，把热老化箱调整加热到所需的温度，记下时间，在设备运转过程中要密切注意实验条件的稳定。

（3）当规定实验时间到达后，取出试样，在温度为 25 °C 相对湿度为 65% ± 5%的环境中放置不少于 24 h。

（4）按塑料拉伸实验方法对老化处理过的和未处理过的两组试样分别进行拉伸强度和断裂伸长率的测定。

五、结果处理

（1）拉伸强度老化系数（K_σ）。

$$K_\sigma = \sigma_t / \sigma_0$$

式中，σ_t 为热老化处理试样的平均拉伸强度；σ_0 为未经处理试样的平均拉伸强度。

（2）断裂伸长老化系数（K_ε）。

$$K_\varepsilon = \varepsilon_t / \varepsilon_0$$

式中，ε_t 为热老化处理试样的平均断裂伸长率；ε_0 为未经处理试样的平均断裂伸长率。

六、思考题

（1）热老化后，试样的拉伸强度的断裂伸长率有何变化？原因是什么？

（2）如何通过热老化实验，推算塑料的储存期？

实验三　塑料硬度的测定

一、实验目的

（1）了解高分子材料邵氏压痕硬度测定的方法原理。

（2）熟悉测定高分子材料邵氏压痕硬度的操作和影响测定结果误差的因素。

二、实验原理

本实验采用邵氏压痕硬度计。其工作原理为将规定形状的压针，在标准的弹簧压力下和规定的时间内，把压针压入试样的深度转换为硬度值，表示该试样材料的邵氏硬度值。邵氏压痕硬度实验不适用于泡沫塑料。

三、实验试样

试样应厚度均匀，用 A 型硬度计测定硬度，试样厚度应不小于 5 mm。用 D 型硬度计测定硬度，试样厚度应不小于 3 mm。除非产品标准另有规定。当试样厚度太薄时，可以采用两层、最多不能超过三层试样叠合成所需要的厚度，并应保证各层之间接触良好。

试样表面应光滑、平整、无气泡、无机械损伤及杂质等。

试样大小应保证每个测量点与试样边缘距离不小于 12 mm，各测量点之间的距离不小于 6 mm。可以加工成 50 mm × 50 mm 的正方形或其他形状的试样。

每组试样测量点数不少于 5 个，可在一个或几个试样上进行。

本次实验试样是用多型腔模具注塑成型的 PS 和 CPP 长条试样，以及热塑性塑料模压成型制备的 PVC 板材经机械加工而得的片状试样。

四、实验设备

A 型和 D 型邵氏硬度计。硬度计主要由读数度盘、压针、下压板及对压针施加压力的弹簧组成。

（1）读数度盘，为 100 分度，每一个分度为一个邵氏硬度值。当压针端部与下压板处于同一水平面时，即压针无伸出，硬度计度盘应指示 100。当压针端部距离下压板 2.5 ± 0.04 mm 时，即压针完全伸出，硬度计度盘应指示 0。

（2）压力弹簧。压力弹簧对压针所施加的力应与压针伸出压板位移量有恒定的线性关系。其大小与硬度计指针所指刻度的关系为

① A 型硬度计：

$$F_{A} = 549 + 75.12H_{A} \quad (4\text{-}1)$$

② D 型硬度计：

$$F_{D} = 444.83H_{D} \quad (4\text{-}2)$$

公式（4-1）和（4-2）中，F_A、F_D 分别为弹簧施加于 A 型和 D 型硬度计压针上的力；H_A、H_D 分别为 A 型和 D 型硬度计的读数。

（3）下压板，为硬度计与试样接触的平面，它应有直径不小于 12 mm 的表面。在进行硬度测量时，该平面对试样施加规定的压力，并与试样均匀接触。

（4）测定架，应备有固定硬度计的支架、试样平台（其表面应平整、光滑）和加载重锤。实验时硬度计垂直安装在支架上，并沿压针轴线方向加上规定质量的重锤，使硬度计下压板对试样有规定的压力。对于邵氏 A 为 1 kg，邵氏 D 为 5 kg。

硬度计的测定范围为 20 ~ 90。当试样用 A 型硬度计测量硬度值大于 90 时，改用邵氏 D 型硬度计测量硬度。用 D 型硬度计测量硬度值低于 20 时，改用 A 型硬度计测量。

在使用过程中压针的形状和弹簧的性能都会发生变化，因此对硬度计的弹簧压力、压针伸出最大值及压针形状和尺寸应定期检查校准。推荐使用邵氏硬度计检定仪校准弹簧力。压针弹簧力的检定误差；A 型硬度计要求偏差在 ± 0.4 g 之内；D 型硬度计偏差在 ± 2.0 g 之内。若无邵氏硬度计检定仪，也可用天平秤来校准，只是被测得的力应等于公式（4-1）计算的力（偏差为 ± 8 g）或等于由公式（4-2）计算的力（偏差为 ± 45 g）。

五、实验步骤

（1）按 GB 1039—79《塑料力学性能实验方法总则》中第 2、3、4 条规定调节实验环境并检查和处理试样。对于硬度与湿度无关的材料实验前，试样应在实验环境中至少放置 1 h。

（2）将硬度计垂直安装在硬度计支架上，用厚度均匀的玻璃片平放在试样平台上，在相应的重锤作用下使硬度计下压板与玻璃片完全接触，此时读数盘指针应指示 100。当指针完全离开玻璃片时，指针应指示 0。允许最大偏差为 ± 1 个邵氏硬度值。

（3）把 PS 试样置于测定架的试样平台上，使压针头离试样边缘至少 12 mm，平稳而无冲击地使硬度计在规定重锤的作用下压在试样上，从下压板与试样完全接触 15 s 后立即读数。如果规定要瞬时读数，则在下压板与试样完全接触后 1 s 内读数。

（4）在试样上相隔 6 mm 以上的不同点处测量硬度 5 次，取其算术平均值。

（5）分别用 CPP、PVC 试样重复步骤（2）至（4），进行实验。

注意，如果实验结果表明，不用硬度计支架和重锤也能得到重复性较好的结果，也可以用手压紧硬度计直接在试样上测量硬度。

六、实验结果表示

（1）硬度值。

从读数度盘上读取的分度值即为所测定的邵氏硬度值。用符号 HA 或 HD 分别表示邵氏

A 和邵氏 D 的硬度。例如：用邵氏 A 硬度计测得硬度值为 50，则表示为 HA50。实验结果以一组试样的算术平均值表示。

（2）硬度值的标准偏差 S。

$$S=\sqrt{\frac{\sum (X_i-\bar{X})^2}{n-1}}$$

式中，X——单个测定值；

$\bar{X}$——组试样的算术平均值；

n——测定个数。

七、思考题

（1）在实验过程中哪些操作因素会影响测定结果的精确度？

（2）能否用机械加工的试样表面进行实验？

（3）三种试样的邵氏硬度差别如何？影响材料邵氏硬度大小的材料本性有哪些？

实验四　材料的氧指数测定实验

一、实验目的

（1）明确氧指数的定义及其用于评价高聚物材料相对燃烧性的原理。

（2）了解 JF-3 型氧指数测定仪的结构和工作原理。

（3）掌握运用 JF-3 型氧指数测定仪测定常见材料氧指数的基本方法。

（4）评价常见材料的燃烧性能。

二、实验原理

物质燃烧时，需要消耗大量的氧气，不同的可燃物，燃烧时需要消耗的氧气量不同，通过对物质燃烧过程中消耗最低氧气量的测定，计算出物质的氧指数值，可以评价物质的燃烧性能。所谓氧指数 OI，是指在规定的实验条件下，试样在氧氮混合气流中，维持平稳燃烧（即进行有焰燃烧）所需的最低氧气浓度，以氧所占的体积分数的数值表示（即在该物质引燃后，能保持燃烧 50 mm 长或燃烧时间 3 min 时所需要的氧、氮混合气体中最低氧的体积分数）。作为判断材料在空气中与火焰接触时燃烧的难易程度非常有效。一般认为，OI<27 的属易燃材料；27≤OI<32 的属可燃材料；OI≥32 的属难燃材料；HC-2 型氧指数测定仪，就是用来测定物质燃烧过程中所需氧的体积分数。氧指数的测试方法，就是把一定尺寸的试样用试样夹垂直夹持于透明燃烧筒内，其中有按一定比例混合的向上流动的氧氮气流。点着试样的上端，观察随后的燃烧现象，记录持续燃烧时间或燃烧过的距离，试样的燃烧时间超过 3 min 或火焰前沿超过 50 mm 标线时，就降低氧浓度，试样的燃烧时间不足 3 min 或火焰前沿不到标线时，就增加氧浓度，如此反复操作，从上下两侧逐渐接近规定值，至两者的浓度差小于 0.5%。

三、实验仪器及试样规格

（1）实验仪器。

采用 JF-3 型氧指数测定仪如图 4-4 所示，该仪器根据 GB/T 2406 标准生产。

（2）试样规格。

选用 PP 片材，每个试样长×宽×厚等于 90 mm×(10±0.5)mm×（4±0.5）mm。

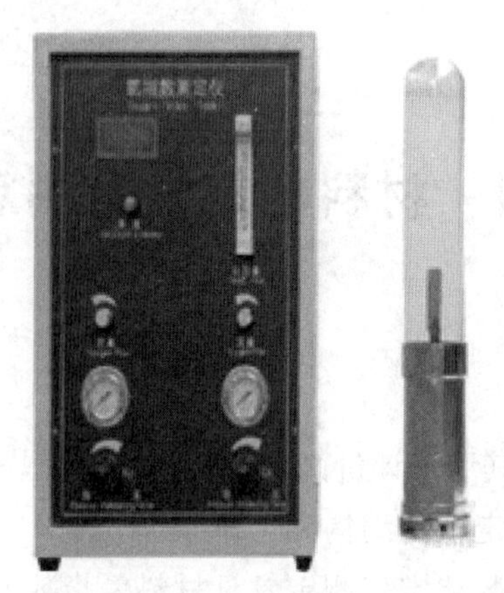
图 4-4　JF-3 型氧指数测定仪

四、实验步骤

（1）检查气路，确定各部分连接无误，无漏气现象。

（2）确定实验开始时的氧浓度。根据经验或试样在空气中点燃的情况，估计开始实验时的氧浓度。如试样在空气中迅速燃烧，则开始实验时的氧浓度为 18%左右；如在空气中缓慢燃烧或时断时续，则为 21%左右；在空气中离开点火源即马上熄灭，则至少为 25%。根据经验，确定该地板革氧指数测定实验初始氧浓度为 26%。氧浓度确定后，在混合气体的总流量为 10 L/min 的条件下，便可确定氧气、氮气的流量。例如，若氧浓度为 26%，则氧气、氮气的流量分别为 2.5 L/min 和 7.5 L/min。

（3）安装试样。将试样夹在夹具上，垂直地安装在燃烧筒的中心位置上（注意要画 50 mm 标线），保证试样顶端低于燃烧筒顶端至少 100 mm，罩上燃烧筒（注意燃烧筒要轻拿轻放）。

（4）通气并调节流量：开启氧、氮气钢瓶阀门，调节减压阀压力为 0.2 ~ 0.3 MPa（由教员完成），然后开启氮气和氧气管道阀门（在仪器后面标注有红线的管路为氧气，另一路则为氮气，应注意，先开氮气，后开氧气，且阀门不宜开得过大），然后调节稳压阀，仪器压力表指示压力为（0.1 ± 0.01）MPa，并保持该压力（禁止使用过高气压）。调节流量调节阀，通过转子流量计读取数据（应读取浮子上沿所对应的刻度），得到稳定流速的氧、氮气流。应注意：在调节氧气、氮气浓度后，必须用调节好流量的氧氮混合气流冲洗燃烧筒至少 30 s（排出燃烧筒内的空气）。

（5）点燃试样。用点火器从试样的顶部中间点燃，勿使火焰碰到试样的棱边和侧表面。在确认试样顶端全部着火后，立即移去点火器，开始计时或观察试样烧掉的长度。点燃试样时，火焰作用的时间最长为 30 s，若在 30 s 内不能点燃，则应增大氧浓度，继续点燃，直至 30 s 内点燃为止。

（6）确定临界氧浓度的大致范围。点燃试样后，立即开始计时，观察试样的燃烧长度及燃烧行为。若燃烧终止，但在 1 s 内又自发再燃，则继续观察和计时。如果试样的燃烧时间超过 3 min 或燃烧长度超过 50 mm（满足其中之一），说明氧的浓度太高，必须降低，此时记录实验现象为“×”，如试样燃烧在 3 min 和 50 mm 之前熄灭，说明氧的浓度太低，需提高氧浓度，此时记录实验现象为“○”。如此在氧的体积分数的整数位上寻找这样相邻的四个点，要求这四个点处的燃烧现象为“○○××”。例如若氧浓度为 26%时，烧过 50 mm 的刻度线，则氧过量，记为“×”，下一步调低氧浓度，在 25%做第二次，判断是否为氧过量，直到找到相邻的四个点为氧不足、氧不足、氧过量、氧过量，此范围即为所确定的临界氧浓度的大致范围。

（7）在上述测试范围内，缩小步长，从低到高，氧浓度每升高 0.4%重复一次以上测试，观察现象，并记录。

（8）根据上述测试结果确定氧指数 OI。

五、实验数据记录与结果处理

根据上述实验数据计算试样的氧指数值 OI，即取氧不足的最大氧浓度值和氧过量的最小氧浓度值两组数据计算平均值。

材料性能评价是根据氧指数值来评价材料的燃烧性能的。

六、实验注意事项

（1）试样制作要精细、准确，表面平整、光滑。

（2）氧、氮气流量调节要得当，压力表指示处于正常位置，禁止使用过高气压，以防损坏设备。

（3）流量计、玻璃筒为易碎品，实验中谨防打碎。

七、思考题

（1）什么叫氧指数值？ 如何用氧指数值评价材料的燃烧性能？

（2）JF-3 型氧指数测定仪适用于哪些材料性能的测定？如何提高实验数据的测试精度？

实验五　透光率和雾度测定

一、实验目的

（1）了解高分子材料透光率和雾度测定的基本原理。

（2）掌握高分子材料透光率和雾度的测定方法。

二、实验原理

透光率的定义是透射光与入射光之比，通常所报道的值为透过光的百分率。例如，甲基丙烯酸甲酯能透过垂直入射光的92%。对于垂直的入射光来说，在聚合物-空气界面上，大约反射掉4%。

雾度是表征透明试样其内部或表面发生光散射而引起的云雾状外貌。雾度的定义是当透射光通过试样时，由于前峰散射而偏离入射线方向的透光百分率。如果透射光线与入射光线的偏离量大于 2.5°，一般地说是合格的，这时把这个光通量当作是雾度。一般雾度是由于材料表面缺陷、密度变化或产生光散射的杂质引起的。雾度的单位是百分率。高分子材料透光率和雾度是利用雾度计或分光光度计测定入射光量，通过试样的总透光量，仪器引起的光散射量以及仪器和试样共同引起的光散射量，计算出通过试样的总的透射率 T_t、漫散透射率 T_d 和雾度（T_d/T_t）。从实际应用出发，透光性和雾度是非常重要的。例如，窗玻璃材料透光性应该高，不应有混浊。相反，用作光学仪器罩材料要求屏蔽亮光源，应有最大的漫反射和最小的透明度。房屋材料也必须有高的透光率。

三、原材料试样

透明高分子材料如聚苯乙烯、聚碳酸酯、聚甲基丙烯酸甲酯的薄膜、片材和板材。试样表面状态（如光滑平整度、缺陷、划痕、污染）、厚度尺寸不同的试样之间的测定结果不能相互比较。

本次实验试样有两种：① 采用低密度吹塑聚乙烯薄膜，经裁切而成；② 采用标准测试试样实验制备的聚苯乙烯拉伸试样，经机械切割加工而成。

四、测试仪器

测量透光率和光散射性能有两种方法：方法 A 和方法 B。方法 A 需要用一台积分球雾度计，方法 B 带记录仪的分光光度计。

本次实验采用方法 A。用积分球雾度计作为测试仪器，如图 4-5 所示，所采用的试样要大到能遮盖光阑孔，而又足够小使之与球壁相切。最常用的试样是直径为 34.93 mm 的圆盘。它是采用以下 4 种不同顺序的读数进行实验，并按“五、操作步骤”的方法测量光电管输出。

（1）顺序 1 读数 T_1：试样和光栅不在应有位置，反射率方法在适当的位置上。

（2）顺序 2 读数 T_2：试样和反射率方法在适当的位置上，光栅不在应有位置。

（3）顺序 3 读数 T_3：光栅在适当的位置上，试样和反射率方法不在应有位置。

（4）顺序 4 读数 T_4：试样和光栅在适当位置上，反射率方法不在应有位置。

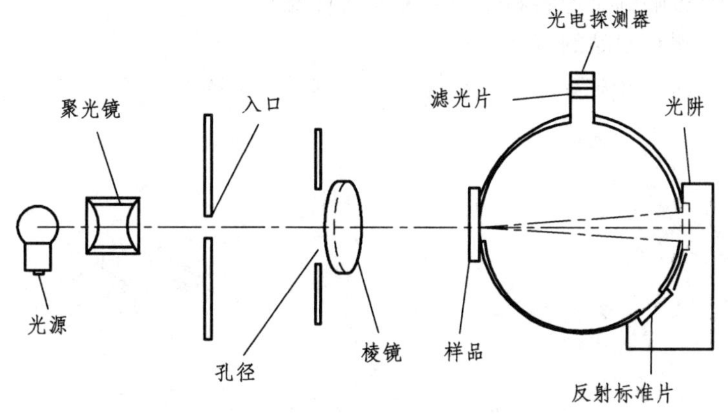

图 4-5　雾度计结构简图

五、操作步骤

（1）开启仪器，预热至少 20 min。

（2）放置标准板，调检流计为 100 刻度，挡住入射光，调检流计为 1，反复调 100 和 0 直到稳定，即 T_1 为 100。

（3）放置试样，此时透过的光通量在检流计上的刻度为 T_2，去掉标准板，置上陷井，在检流计上所测出的光通量为试样与仪器的散射光通量 T_4。再去掉试样，此时检流计所测出的光通量为仪器的散射光通量 T_3。

（4）按照步骤（3）重复测定 5 片试样。

（5）终止实验，关闭仪器。

六、实验结果表示

（1）透光率 T_t：

$$T_t / \% = T_2 \times 100 / T_1$$

（2）漫散透射率 T_d：

$$T_d = \frac{T_4 - T_3(T_2)}{T_1}$$

（3）雾度值 H：

$$H/\% = T_{\mathrm{d}} \times 100 / T_{\mathrm{t}}$$

取 5 片试样的算术平均值作为结果，取到小数点后一位。

七、思考题

（1）雾度主要影响哪类塑料制品的哪方面的性能？
（2）如何减小塑料制品的雾度？
（3）试样的几何尺寸对雾度测定有何影响？制样方法呢？

实验六　材料水平垂直燃烧测定实验

一、实验目的

（1）了解物质燃烧性能的相关概念。
（2）了解水平垂直燃烧测定法的基本原理。
（3）掌握水平垂直燃烧测定的实验程序及结果处理方法。

二、实验原理

1）基本概念

（1）有焰燃烧：在规定的实验条件下，移开点火源后，材料火焰持续的燃烧。
（2）有焰燃烧时间：在规定的实验条件下，移开点火源后，材料保持有焰燃烧的时间。
（3）无焰燃烧：在规定的实验条件下，移开点火源后，当有焰燃烧终止或无火焰产生时，材料保持辉光的燃烧。
（4）无焰燃烧时间：在规定的实验条件下，当有焰燃烧终止或移开点火源后，材料持续无焰燃烧的时间。

2）基本原理

水平或垂直地夹住试样的一端，对试样的自由端施加规定的点燃源，测定线性燃烧速率（水平法）或有焰燃烧及无焰燃烧时间（垂直法）来评价试样的阻燃性能。

三、实验装置

通风柜、CZF-4 型水平垂直燃烧测定仪（见表 4-6）、干燥器、脱脂棉。

图 4-6　CZF-4 型水平垂直燃烧测定仪示意图

四、实验材料

（1）试样：矩形柱体，长度为（125 ± 5）mm，宽度为（13.0 ± 0.3）mm，厚度为（3.0 ± 0.2）mm，如表 4-1 所示。试样表面应平整、光滑、无气泡、飞边、毛刺等缺陷。

表 4-1　试样尺寸表

方法 \ 尺寸	长/mm	宽/mm	高/mm	每组/根
水平法	125 ± 5	13.0 ± 0.3	3.0 ± 0.2	3
垂直法	125 ± 5	13.0 ± 0.3	3.0 ± 0.2	5

注：厚度、密度、各向异性、点燃的方向、颜料、填料及阻燃剂种类和含量不同的试样，其实验结果不能相互比较。

（2）气源：液化气。

五、实验步骤

将煤气管接至燃烧箱与燃气罐和压缩空气的气道上，并检查气道口，防止其漏气。

1）水平法

水平法适用于常温时一端固定后能水平支撑、另一端下垂不大于 10 mm 的塑料试样，只适用评定实验室条件下材料的燃烧性能，不作为实际使用条件下着火危险性的依据。

（1）实验步骤。

安装试样：

① 在距试样点燃端 25 mm 和 100 mm 处，与试样长轴垂直处各划一条标线；

② 用夹具夹紧试样远离 25 mm 标线的一端，使其长轴呈水平横截面轴线与水平方向成 45°；

③ 将金属网水平地固定在试样下面，与试样最低棱便相距 10 mm，并使金属网的前缘与试样自由端对齐；

④ 安装试样时，如果其自由端下垂，则将支承架支撑在试样下面，试样自由端应伸出支架 20 mm；支承架的夹持端应有足够间隙，使支承架能沿试样长轴方向朝两边自由移动，随着火焰沿试样向夹持端方向蔓延，支承架应以同样速度后撤。

点燃本生灯：

① 将燃料气体的气源与本生灯接通；

② 在离试样约 150 mm 的地方点燃本生灯，调节燃气流量，使灯管在竖直位置时产生（20 ± 2）mm 高的黄色火焰，然后打开空气进口阀，经调节确保本生灯产生（20 ± 2）mm 高的蓝色火焰。

点燃试样：

① 将火焰移到试样自由端较低的边上，使灯管中心轴线与试样长轴方向底边处于同一铅直

平面内，并向试样端部倾斜，与水平方向约成45°。调整本生灯位置，使试样自由端（6 ± 1）mm长度承受火焰，并开始记录施焰时间；

② 在保持本生灯位置不变的条件下，对试样施加火焰30 s，撤去本生灯。如果施焰时间不足30 s，火焰前沿已达到25 mm标线时，应立即移开本生灯，停止施焰；

③ 停止施焰后，若试样继续燃烧（包括有焰燃烧或无焰燃烧），则应记录燃烧前沿从25 mm标线到燃烧终止时的燃烧时间 t，并记录从25 mm标线到燃烧终止端的烧损长度 L。

注：如果燃烧前沿越过100 mm标线，则记录从25 mm标线至100 mm标线建燃烧所需时间 t，此时烧损长度 L 为 75 mm；如果移开点火源后，火焰即灭火燃烧前沿未达到 25 mm标线，则不计燃烧时间、烧损长度和线性燃烧速度。

重复以上实验步骤，完成3根试样的测试。

（2）结果评价。

① 结果计算。

a. 每根试样的线性燃烧速度 v 按公式（4-3）计算：

$$v = \frac{60L}{t} \tag{4-3}$$

式中，L——燃损长度，mm；

t——燃烧时间，s。

b. 计算3根试样线性燃烧速度的算术平均值。

② 分级标志。

材料的燃烧性能，按点燃后的燃烧行为，可分为4级（符号FH表示水平燃烧）：

a. FH-1为移开点火源后，火焰即灭火燃烧前沿未达到25 mm标线；

b. FH-2为移动点火源后，燃烧前沿越过25 mm标线，但未达到100 mm标线，在FH-2级中，燃损长度应写进分级标志，如FH-2-70 mm；

c. FH-3为移开点火源后，燃烧前沿越过100 mm标线，对于厚度在3 ~ 13 mm的试样，其燃烧速度不大于40 mm/min，对于厚度小于3 mm的试样，燃烧速度不大于75 mm/min，在FH-3级中，线性燃烧速度应写进分级标志，如FH-3-30 mm/min；

d. FH-4为除线性燃烧速度大于规定值外，其余与FH-3级相同，其燃烧速度也应写进分级标志，如FH-4-60 mm/min。

如果被试材料的3根试样分级标志数字不完全一致，则应报告其中数字最高的类级，作为该材料的一级标志。

2）垂直法

垂直法是在规定条件下，对垂直放置的，具有一定尺寸的试样施加火焰后的燃烧行为进行分类的一种方法。它仅适用于质量控制试验和选材试验，不能作为实际条件下着火危险性的依据。

（1）实验步骤。

安装试样：用环形支架上的夹具夹住试样上端 6 mm，使试样长轴保持铅直，并使试样下端距水平铺置的干燥医用脱脂棉层距离约为 300 mm。撕薄的脱脂棉层尺寸为 50 mm × 50 mm，其最大未压缩厚度约为 6 mm。

点燃本生灯：

① 将燃料气体的气源与本生灯接通；② 在离试样约 150 mm 的地方点燃本生灯，调节燃气流量，使灯管在竖直位置时产生（20 ± 2）mm 高的黄色火焰，然后打开空气进口阀，经调节确保本生灯产生（20 ± 2）mm 高的蓝色火焰。

点燃试样：

① 将本生灯火焰对准试样下端面中心，并使本生灯管顶面中心与试样下端面距离 H 保持为 10 mm，点燃试样 10s。必要时，可随试样长度或位置的变化来移动本生灯，以使 H 保持为 10 mm；

② 如果在施加火焰过程中，试样有熔融物或燃烧物滴落，则将本生灯在试样宽度方向一侧倾斜 45°，并从试样下方后退足够距离，以防滴落物进入灯管中，同时保持试样残留部分与本生灯管顶面中心距离仍为 10 mm，呈线状的熔融物可忽略不计；

③ 对试样施加火焰 10 s 后，立即把本生灯撤到离试样至少 150 mm 处，同时用计时装置测定试样的有焰燃烧时间 t_1；

④ 试样有焰燃烧停止后，立即按上述方法再次施焰 10 s，并需保持试样余下部分与本生灯口相距 10 mm。施焰完毕，立即撤离本生灯，同时启动计时装置测定试样的有焰燃烧时间 t_2 和无焰燃烧时间 t_3，此时还要记录是否有滴落物、滴落物是否引燃了脱脂棉。

重复以上实验步骤，测试 5 根试样。

（2）结果评价。

① 结果计算。

每组 5 根试样有焰燃烧时间总和 t_i 按公式（4-4）计算。

$$t_i = \sum_{i=1}^{5} t_{1i} + t_{2i} \tag{4-4}$$

式中，t_{1i}——第 i 根试样第一次有焰燃烧时间，s；

t_{2i}——第 i 根试样第二次有焰燃烧时间，s；

i——试样编号，i 为 1 ~ 5。

② 分级标志。

材料的燃烧性按点燃后的燃烧行为分为 FV-0、FV-1 和 FV-2 三级，如表 4-2 所示（符号 FV 表示垂直燃烧）。

表 4-2　按垂直燃烧法测定的材料分级表

条　件	级　别			
	FV-0	FV-1	FV-2	△
每根试样的有焰燃烧时间（t_1+t_2）/s	≤10	≤30	≤30	>30
对于任何状态调节条件，每组 5 根试样有焰燃烧时间总和 t_f/s	≤50	≤250	≤250	>250
每根试样第二次施焰后的有焰加上无焰燃烧时间（t_2+t_3）/s	≤30	≤60	≤60	>60
每根试样有焰燃烧或无焰燃烧蔓延到夹具的现象	无	无	无	有
滴落物引燃脱脂棉现象	无	无	有	有或无

注：a. 如果每组 5 个试样施加 10 次火焰，若总的有焰燃烧时间不超过 50 s 或 250 s，则允许有一次施加火焰后有焰燃烧时间超过 10 s 或 30 s；

b. 如果一组 5 个试样中有一个不符合表中要求，应再取一组试样进行实验，第二组的 5 个试样应全部符合要求，如果第二组试样中仍有一个试样不符合表中相应的要求，则以两组中数字最大的级别作为该材料级别；

c. 如果达到此表规定的分级标志应写进试样的最小厚度，精确至 0.1 mm；

d. 如试样结果超出 FV-2 相应的要求，则不能用垂直燃烧法评定。

六、思考题

（1）影响水平与垂直燃烧实验的因素有哪些?

（2）如何根据实验结果评价试样的燃烧性能?

实验七　灼热丝实验

一、实验目的

（1）了解灼热丝实验的基本原理和应用。

（2）测定固体绝缘材料及其他固体可燃材料的起燃性、起燃温度（GWIT）、可燃性和可燃性指数（GWFI）。

二、实验原理

灼热丝实验仪是模拟在设备内部容易使火焰蔓延的绝缘材料或其他固体可燃材料的零件可能会由于灼热丝或灼热元件而起燃。在一定条件下，例如流过导线的故障电流、元件过载以及不良接触，某些元件会达到某一温度而使其附近的零件起燃。

灼热丝实验仪的工作原理：将规定材质ϕ4 mm 的镍铬丝（U 型灼热丝头）用大电流加热至实验规定温度 （300～1 000 °C）后，以规定压力（1.0 N）水平灼烫试品 30 s，实验品和铺垫物是否起燃或持燃时间来测定电工电子设备成品的着火危险性。实验完成后记录灼热时间、起燃时间（T_i）、火焰熄灭时间（T_e）、可燃性指数 （GWFI）。

灼热丝实验仪适用于照明设备、低压电器、家用电器、机床电器、电机、电动工具、电子仪器、电工仪表、信息技术设备、电气连接件和铺件等电工电子产品及其组件部件研究生产部门，也适用于绝缘材料、工程塑料或其他固体可燃材料行业。

三、仪器和材料

ZRS-2 型灼热丝实验仪（见图 4-7），试验样品平面的尺寸应为长度≥60 mm；宽度（夹具内侧）≥60 mm；厚度为（0.75 ± 0.1）mm、（1.5 ± 0.1）mm 或（3.0 ± 0.2）mm。

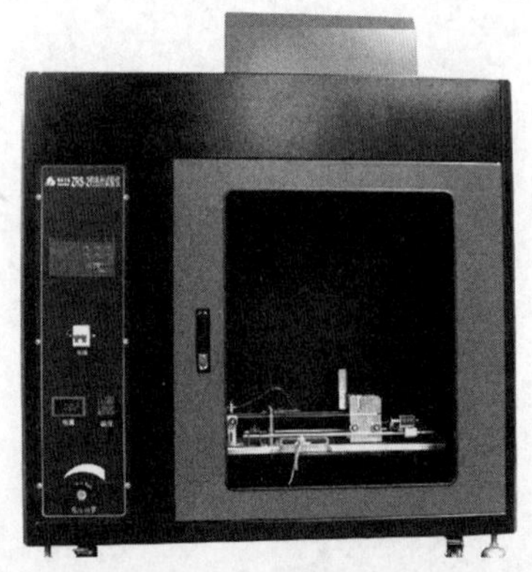

图 4-7　ZRS-2 型灼热丝实验仪

四、实验步骤

1）实验方法

（1）将实验样品安装在夹具上固定好，如果成品正常使用期间没有详细规定遭受热应力的地方，灼热丝顶部应施加在实验样品最薄处，离样品边缘不小于 15 mm。

（2）在厚度最小为 10 mm 平滑木板上表面紧裹一层白娟纸，置于灼热丝施加于实验样品作用点下面的（200 ± 5）mm 处。

（3）打开仪器电源，将实验时间和观察时间设定为 30 s。

（4）根据产品标准要求设定实验温度。

（5）实验温度达到后，至少恒定 60 s，温度变化不超过 5 °C，启动实验开关，对实验样品和铺底层进行观察，并记录从灼热丝顶部施加开始到实验样品或铺底层起燃的持续时间（t_i），从灼热丝顶部施加开始到火焰熄灭的持续时间（t_e）。

2）实验结果评定

根据产品标准要求评定，如果产品标准没有要求，则分别满足以下要求为合格。

（1）实验样品没有起燃。

（2）同时满足以下情况：

① 实验样品的火焰或灼热在移开灼热丝之后的 30 s 内熄灭；

② 包装绢纸没有起燃。

五、注意事项

（1）实验样品的固定不应由于支撑或紧固而明显散热，样品与灼热丝顶部的接触面保持垂直。

（2）实验时应关闭排气扇，保证无明显空气流通。

（3）实验样品的安装离燃烧箱各表面至少 100 mm，每次实验后，应将含有实验样品分解物的空气排出，并将灼热丝、试验箱内清理干净。

六、思考题

（1）灼热丝实验的结果有哪些作用？

（2）在进行多样品测量时，为什么不能持续测试？

实验八　表面电阻与体积电阻的测定

一、实验目的

（1）了解聚合物电阻与结构的关系

（2）掌握用 PC40B 或 PC28 型高阻计测定绝缘材料电阻的方法。

二、基本原理

大多数高分子材料的固有电绝缘性质已长期被利用来约束和保护电流，使它沿着选定的途径在导体中流动，或用来支持很高的电场，以免发生电击穿。高分子材料的电阻率范围超过 20 个数量级，耐压高达 1 MV 以上，加上其他优良的化学、物理和加工性能，为满足所需要的综合性能指标提供了广泛的选择余地。可以说，今天的电子电工技术离不开高分子材料。

高分子的电学性质是指高分子在外加电压或电场作用下的行为及其所表现出来的各种物理现象，包括在交变电场中的界电性质，在弱电场中的导电性质，在强电场中的击穿现象以及发生在高分子表面的静电现象。

随着科学技术的发展，特别是在尖端科学领域里，高分子材料的电学性能指标要求越来越高。高分子半导体、光导体、超导体和永磁体的探索，已取得了不同程度的进展。高分子材料的电性能往往相当灵敏地反映出材料内部结构的变化和分子运动状况，电性能测试是研究高分子的结构和分子运动的一种有力手段。

材料的导电性是用电阻率ρ（单位：$\Omega \cdot m$）或电导率σ（单位：$\Omega^{-1} \cdot m^{-1}$）来表示的。两者互为倒数，并且都与试样的尺寸无关，而只决定于材料的性质。工程上习惯将材料根据导电性质粗略地分为超导体、导体、半导体和绝缘体四类。

不同材料的导电性如表 4-3 所示。

表 4-3　材料导电性质及电阻率范围

材　料	电阻率ρ/（$\Omega \cdot m$）	电导率σ/（$\Omega^{-1} \cdot m^{-1}$）
超导体	10^{-8}	10^{8}
导　体	$10^{-8} \sim 10^{-5}$	$10^{5} \sim 10^{8}$
半导体	$10^{-5} \sim 10^{7}$	$10^{-7} \sim 10^{5}$
绝缘体	$10^{7} \sim 10^{18}$	$10^{-18} \sim 10^{-7}$

在一般高分子中，特别是那些主要由杂质解离提供载流子的高分子中，载流子的浓度很低，对其他性质的影响可以忽略，但对高绝缘材料电导率的影响是不可忽视的。在高分子的

导电性表征中，需要分别表示高分子表面与体内的不同导电性，常常采用表面电阻率ρ_s与体积电阻率ρ_v来表示。在提到电阻率而又没有特别指明的地方通常就是指体积电阻率。

将平板试样放在两电极之间，施于两电极上的直流电压和流过电极间试样表面上的电流之比，为表面电阻；施于两电极上的直流电压和流过电极间试样的体积内的电流之比为体积电阻。超高电阻测试仪的主要原理如图 4-8 所示。

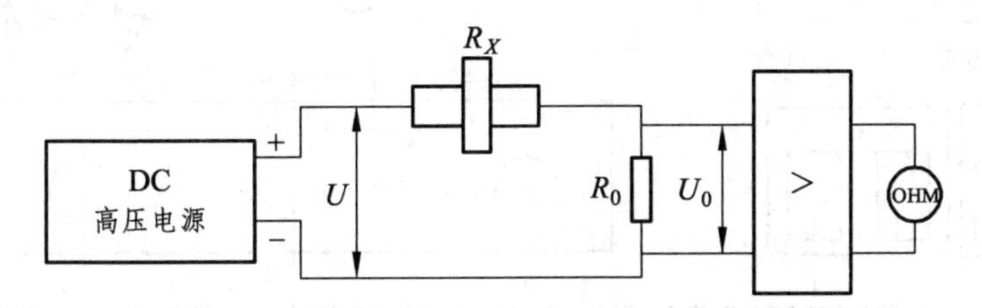

U—测试电压，V；

R_0—输入电阻，Ω，其上电压为 U_0，V；

Rx—被测试的绝缘电阻，Ω；

$Rx = R_0\ (U/U_0)$

图 4-8　超高电阻测试仪原理图

计算表面电阻率ρ_s与体积电阻率ρ_v的公式为

$$\rho_s = R_s \frac{2\pi}{\ln\frac{d_2}{d_1}}，\quad \frac{2\pi}{\ln\frac{d_2}{d_1}} = 81.6$$

$$\rho_v = R_v \frac{\pi\ (d_1+g)^2}{4l}，\quad \frac{\pi\ (d_1+g)^2}{4} = 21.237\ \text{cm}^2$$

式中，R_s为表面电阻；R_v为体积电阻；d_1为测量电极直径 5 cm；d_2为保护电极内径 5.4 cm；g为保护电极与测量电极间隙 0.2 cm；l为被测试样厚度，cm。

三、实验仪器及试样

仪器：PC40B 型数字绝缘电阻测试仪（高阻计）。

10 cm × 10 cm 试样：PMMA，PTFE，PVC。

四、实验步骤

1）测试前的准备

（1）首先熟悉仪器功能键布局。

PC40B 型测试仪面板如图 4-9 所示。

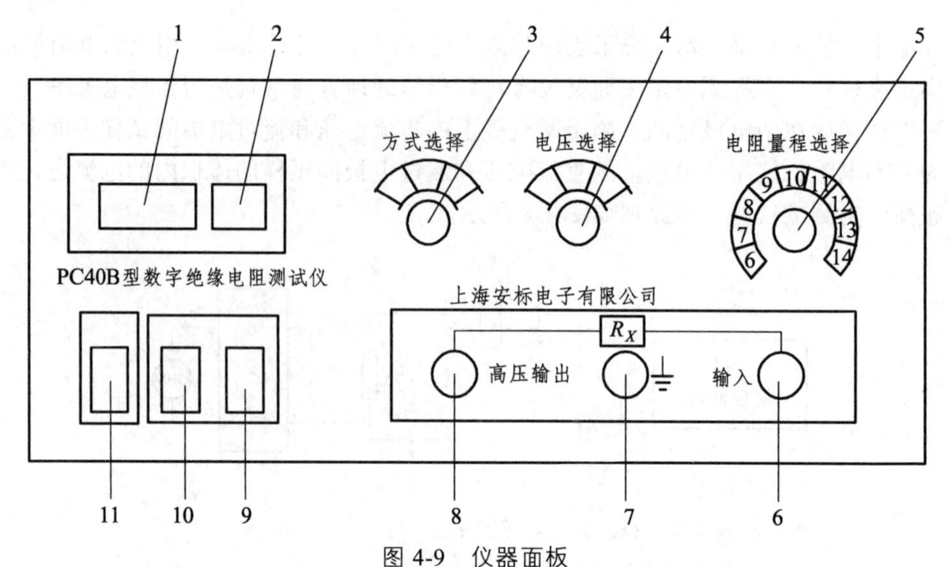

图 4-9 仪器面板

1—三位半数字显示器；2—测试时间显示器；3—方式选择开关；4—电压选择开关；
5—电阻量程选择开关；6—输入端钮；7—接地端钮；8—高压输出端钮（红色）；
9—时间设定拨盘；10—定时设定开关；11—电源开关

（2）检查各开关的位置。

① 电源开关置于“关”的位置

② 额定电压选择开关置于需要的电压（一般为 500 V）。

③ 方式选择开关置于“放电”位置。

④ 电阻量程选择开关置于被测物阻值已知时，选择相应挡；未知时则选择 10^6 挡。

⑤ “定时设定开关”置于“关”的位置。

（3）测试接线图。

在测量大于 10^{10} Ω电阻时，应将被测物屏蔽，以避免外界干扰而影响正常测试。

连接仪器和电极箱的对应端钮，如图 4-10 所示将被测材料置于电极箱内，利用仪器所带的塑料片使测量电极和保护电极的间隙均匀。将箱内红色鳄鱼夹夹住测量电极，黑色鳄鱼夹夹住保护电极（电极之间千万不能互相接触，否则将损坏仪器），关好电极箱盖。

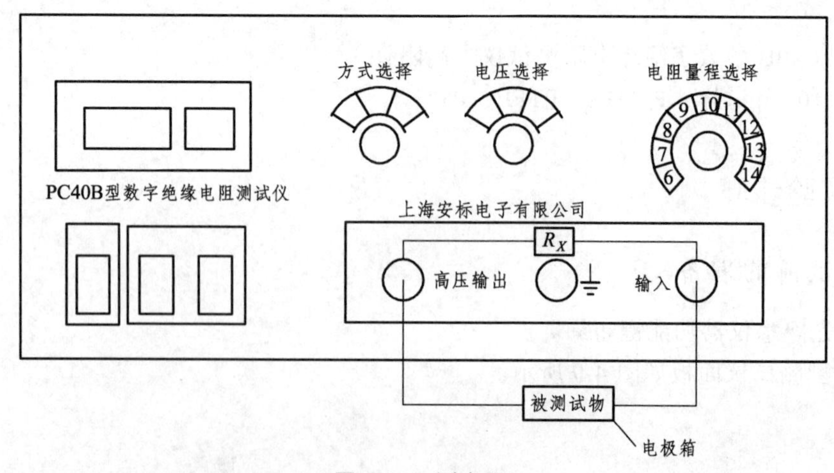

图 4-10 测电阻

测量体积电阻时，电极箱上的选择开关置于 R_v，此时箱内三电极的状态如图 4-11 所示。

测量表面电阻时，电极箱上的选择开关置于 R_s，此时箱内三电极的状态如图 4-12 所示。

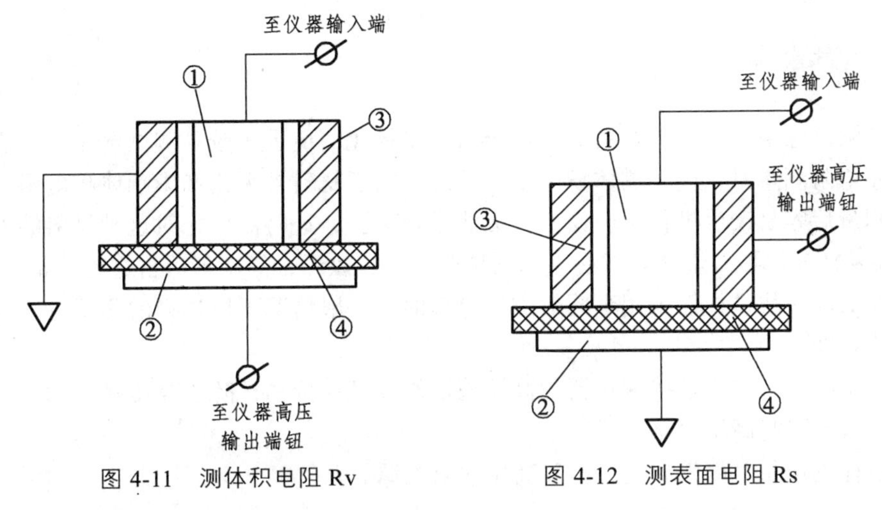

图 4-11　测体积电阻 Rv　　　　图 4-12　测表面电阻 Rs

①—测量电极；②—高压电极；③—保护电极；④—被测试样

（4）接通电源，打开电源开关，电源指示灯亮，预热 30 min。

2）测试步骤

（1）测试试样体积电阻。

将电极箱上的选择开关转到 R_v：

① 将方式选择开关置于充电挡，对被测物进行一定时间的充电（视被测物容量大小而定，一般为 15 s，当电容量或电阻值大时，可适当延长充电时间）。

② 将定时设定开关置于开的位置，拨动时间设定盘至 1 min。

③ 先将方式选择开关置于测试位置后，定时设定开关置于开的位置，待到达设定时间，即可锁定读数，在进行下一次测试前，需将定时设定开关置于关的位置。

注：若发现显示为 0.200 以下，可将电阻量程选择开关减低一挡，若降至电阻量程选择开关为 10^6 挡，显示值仍为 0.200 以下，即被测电阻小于 200 kΩ，处于仪器的最小量限外，应立即将方式选择开关置于放电位置，并停止测试，以免损坏仪器。如显示为 1.999，可将电阻量程选择开关逐挡升高，直至读数处于 0.200 ~ 1.999。将仪器上的读数乘以电阻量程选择开关所指示的倍率，即为被测物的绝缘电阻值。例如，读数为 1.203，电阻量程选择开关所指系数 10^{11}，被测电阻即为 1.203×10^{11} Ω。

重复 3 次，最后取 R_v 的平均值。

（2）测试试样表面电阻。

将电极箱上的选择开关转到 R_s，其他测试步骤同“（1）测试试样体积电阻”。重复 3 次，最后取平均值。

（3）测试完毕，即将方式选择开关拨到放电位置后，方可拆下被测物。如被测物的电容量较大时（约 0.01 μF 以上者）需经 1 min 左右的放电，方能拆下被测物。

（4）仪器使用完毕后，应先切断电源，并将面板上各开关恢复到测试前的位置，再拆除所有接线。

五、注意事项

（1）在测试电阻率较大的材料时，由于材料易极化，应采用较高测试电压。在进行体积电阻和表面电阻测量时，应先测体积电阻，反之，由于材料被极化和影响体积电阻。当材料连续多次测量后容易产生极化，会使测量无法进行下去，这时需停止对这种材料的测试，置于干净处 8～10 h 后再测量或者放在无水酒精内消洗，烘干，等冷却后再进行测量。

（2）在对同一块试样而采用不同的测试电压时，一般情况下所选择的测试电压越高所测得的电阻值越偏低。

（3）测试时，人体不能接触仪器的高压输出端及其连接物，防止高压触电危险，同时也不能碰地，否则引起高压短路。

（4）换检测样品时需先放电、断开高压输出电源。

六、数据处理

计算各试样的ρ_v，ρ_s。，并比较讨论之。

七、思考题

（1）影响电阻测定的因素有什么？

（2）用电性能研究结构有什么优点？

实验九 聚合物的热重分析

一、实验目的

（1）了解热重分析法在高分子领域的应用。

（2）掌握热重分析仪的工作原理及其操作方法，学会用热重分析法测定聚合物的热分解温度 T_d。

二、实验原理

热重分析法（TGA）是在程序控温下，测量物质的质量与温度关系的一种技术。现代热重分析仪一般由 4 部分组成，分别是电子天平、加热炉、程序控温系统和数据处理系统（微型计算机）。通常，TGA 谱图是由试样的质量残余率 Y/%对温度 T 的曲线（称为热重曲线，TG）和试样的质量残余率 Y/%随时间的变化率 dY/dt/（%/min）对温度 T 的曲线（称为微商热重法，DTG）组成，如图 4-13 所示。

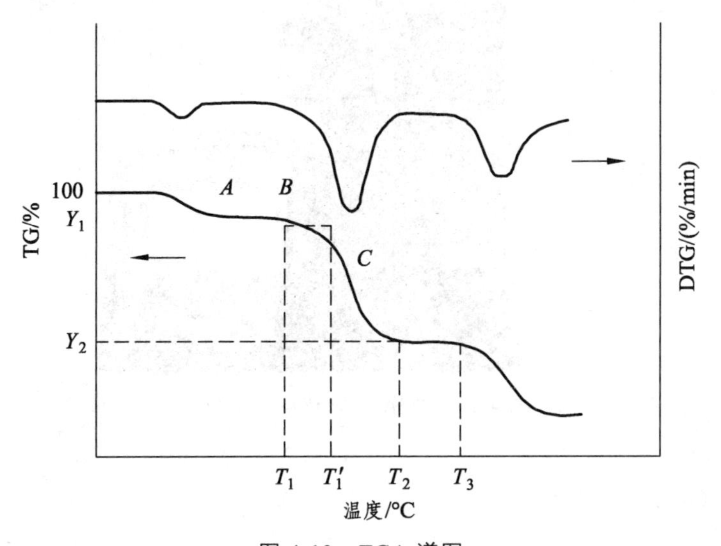

图 4-13 TGA 谱图

开始时，由于试样残余小分子物质的热解吸，试样有少量的质量损失，损失率为（100 − Y_1）%；经过一段时间的加热后，温度升至 T_1，试样开始出现大量的质量损失，直至 T_2，损失率达（$Y_1 - Y_2$）%；在 T_2 到 T_3 阶段，试样存在着其他的稳定相；然后，随着温度的继续升高，试样再进一步分解。如图 4-13 所示中的 T_1 称为分解温度，有时取 C 点的切线与 AB 延长线相交处的温度 T_1'作为分解温度，后者数值偏高。

TGA 在高分子科学中有着广泛的应用。例如，高分子材料热稳定性的评定、共聚物和共混物的分析、材料中添加剂和挥发物的分析、水分（含湿量）的测定、材料氧化诱导期的测定、固化过程分析，以及使用寿命的预测等。

正如其他分析方法一样，热重分析法的实验结果也受到一些因素的影响，加之温度的动态特性和天平的平衡特性，使影响 TG 曲线的因素更加复杂，但基本上可以分为两类。

（1）仪器因素：升温速率、气氛、支架、炉子的几何形状、电子天平的灵敏度以及坩埚材料。

（2）样品因素：样品量、反应放出的气体在样品中的溶解性、粒度、反应热、样品装填、导热性等。

三、实验设备和材料

（1）仪器。

美国 TA 公司 TGA55 型热重分析仪(见图 4-14)。仪器的称量为 0 ~ 500 mg；精度为 1 μg；温度为 20 ~ 1 000 °C；加热速率为 0.1 ~ 80 °C/min；样品气氛可为真空 10 Pa 或惰性气体和反应气体(无毒、非易燃)。

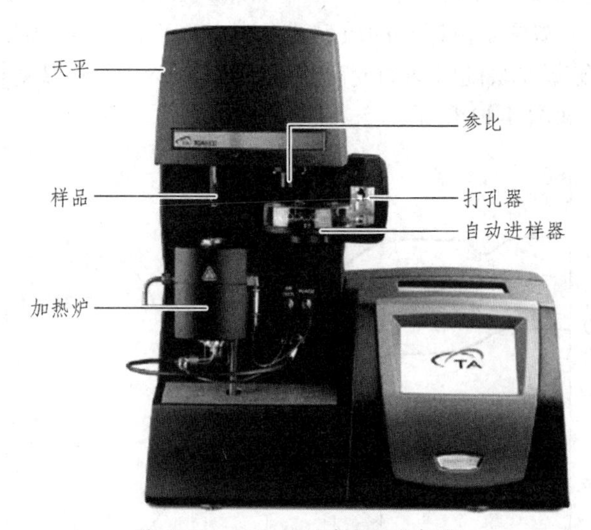

图 4-14　TGA55 型热重分析仪

（2）试样。

本实验使用样品为聚乙烯。

四、实验步骤

（1）打开稳压电源，打开仪器开关（在控制模块的后面右下侧），打开高纯 N_2 总阀，调节分压为 0.1 Mpa。如果需要高纯空气作为反应气体，需要同时打开空气总阀，分压调为 0.1 MPa。让仪器预热约 30 min（使炉温达到平衡温度）。

（2）打开计算机，双击桌面上的 TRIOS Explorer 图标，出现如图 4-15 所示界面。

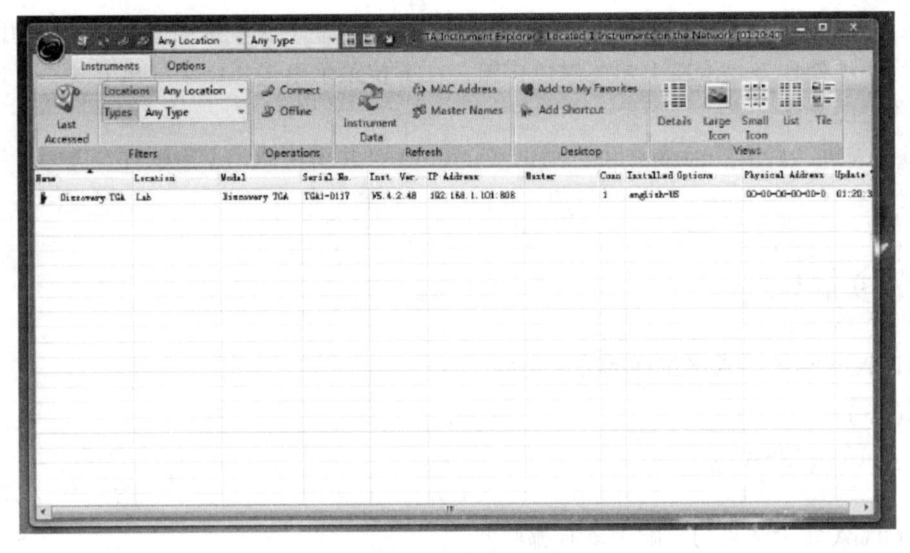

图 4-15　软件界面

（3）点击 Instruments 选项，在弹出的列表里出现仪器的基本信息，包括仪器名称、序列号、IP 地址等，双击表内的 Discovery TGA 进入 TRIOS 软件。其中 Experiments 下是进行实验时必须要完成的填写选项，History 里查看以前的实验情况，Result 里可执行对实验结果的分析处理，Calibration 里执行对仪器的校正操作。

（4）打开左下角的 Experiments，弹出进行实验设置的操作界面。

（5）双击 Running Queue 下的 Empty 使其变成 Run 1，设置中间区域 Queued Run 下的各项内容。

（6）在 Sample 下输入样品名称、样品盘放置位置，选择样品盘类型（700 °C 以下选择 Platinum 100 ul，超过 700 °C 但在 1 000 °C 以下选择 Platinum HT，超过 1 000 °C 但在 1 200 °C 以下选择 Alumina），输入操作者姓名，File Name 里选择结果保存位置。

（7）设置 Procedure 下的信息，Mode 选择 Standard，Test 选择 Custom。点击 Edit 进入实验方法编辑窗口，设置实验的起始温度（不设置起始温度的时候，实验从当前温度开始）、升温速度和结束温度，其他特殊程序可从程序栏里选择。

（8）如果需要用自动进样器做一系列的实验，可以在左边 Running Queue 下的空白区域右击，在移动菜单中选择 Append Run 来增加实验，每个样品可以设置不同的操作方法。

（9）放置样品盘并归零（Tare）：轻轻将实验选择的样品盘（室温 ~ 700 °C 用低温 Pt 样品盘，室温 ~ 1 000 °C 用高温 Pt 样品盘，超过 1 000 ° C 用陶瓷样品盘）用镊子放入样品盘上。如果同时设置了两个以上的实验（Run），需要放置两个以上的样品盘，按照下列方法 Tare：点击软件左下角的 Calibration 选项，进入 Tare 页面，点击需要 Tare 的样品盘位置。如果只是设置了一个 Run，可以点击 Auto sampler 下的 Tare，输入需要 Tare 的样品盘号。

（10）Tare 完成后将样品轻轻放进样品盘内（如担心样品撒到样品架上，可将样品盘拿下来放样品），样品质量可在右侧 Control panel 里看到。

（11）查看 Housing blance 项下的温度是否达到设置的值，如已达到点击 Start 开始实验。（必须达到 Housing blance 设置的温度后才能开始实验!!）

（12）测试结束后点击左下角的 Result，出现结果分析界面，选中或打开要处理的结果文件，进行各项处理，点击左上角的黑色按钮，在下拉菜单里选择结果导出方式，可以分别导出数据和谱图文件。

（13）关机：点击 Instruments，点击 Shutdown，关闭仪器，退出软件，关闭计算机，关闭气体。

五、实验处理

打印 TGA 谱图，求出试样的分解温度 T_{d}。

六、问题与讨论

（1）TGA 实验结果的影响因素有哪些？

（2）讨论 TGA 在高分子学科的主要应用有哪些？

实验十　塑料维卡软化点的测定

一、实验目的

（1）了解塑料在受热情况下变形温度的物理意义。

（2）掌握热塑性塑料的维卡软化点的测试方法。测定 PP、PS 等试样的维卡软化点。

二、实验原理

高聚物的热性能是高分子材料加工成型和应用过程中的重要性能之一，涉及高聚物的结晶，熔融、热变形温度、熔融指数等，是研究高分子材料的耐热性，热稳定性的重要方法。聚合物的耐热性能，通常是指它在温度升高时保持其物理机械性质的能力。聚合物材料的耐热温度是指在一定负荷下，其到达某一规定形变值时的温度。发生形变时的温度通常称为塑料的软化点 T_S。因为使用不同测试方法各有其规定选择的参数，所以软化点的物理意义不像玻璃化转变温度那样明确。常用维卡（Vicat）耐热和马丁（Martens）耐热以及热变形温度测试方法测试塑料耐热性能。不同方法的测试结果相互之间无定量关系，它们可用来对不同塑料作相对比较。

维卡软化点是测定热塑性塑料于特定液体传热介质中，在一定的负荷、一定的等速升温条件下，试样被 1 mm^2 针头压入 1 mm 时的温度。本方法仅适用于大多数热塑性塑料。实验测得的维卡软化点适用于控制质量和作为鉴定新品种热性能的一个指标，但不代表材料的使用温度。现行维卡软化点的国家标准为 GB 1633—2000，规定了四种测定热塑性塑料维卡软化点温度（VST）的实验方法。

（1）A50 法：使用 10 N 的力，加热速率为 50 °C/h

（2）B50 法：使用 50 N 的力，加热速率为 50 °C/h

（3）A120 法：10 N 的力，加热速率为 120 °C/h

（4）B120 法：50 N 的力，加热速率为 120 °C/h

这四种方法仅适用于热塑性塑料，所测得的是热塑性塑料开始迅速软化的温度。

三、实验设备和材料

（1）仪器。

ZWK-6 微机控制热变形维卡软化点温度试验机与维卡软化点温度测试装置原理如图 4-16 及 4-17 所示。负载杆压针头长 3 ~ 5 mm，横截面面积为（1.000+0.015）mm^2，压针头平端与负载杆成直角，不允许带毛刺等缺陷。加热浴槽选择对试样无影响的传热介质，如硅油、变压器油、液体石蜡、乙二醇等，室温时黏度较低。本实验选用甲基硅油为传热介质。可调等速升温速度为每 6 min 升（5 ± 0.5）°C 或（12 ± 1.0）°C。试样承受的静负载 $G = W + R + T$[W 为砝码质量；R 为压针及负载杆的质量（本实验装置负载杆和压头为 95 g，位移传感器测量杆质量 10 g）；T 为变形测量装置附加力]，负载有两种选择：$G_A = 1$ kg；$G_B = 5$ kg。装置测量形变的精度为 0.01 mm。

（2）试样。

在维卡实验中，试样厚度应为 3 ~ 6.5 mm，宽和长至少为 10 mm × 10 mm，或直径大于 10 mm。试样的两面应平行，表面平整光滑、无气泡、无锯齿痕迹、凹痕或裂痕等缺陷。每组试样为两个。

① 模塑试样厚度为 3 ~ 4 mm。

② 板材试样厚度取板材厚度，但厚度超过 6 mm 时，应在试样一面加工成 3 ~ 4 mm。如厚度不足 3 mm，则可由不超过 3 块叠合成厚度大于 3 mm 的板材。

本试验机也可用于热变形温度测试，热变形实验选择斧刀式压头，长条形试样，试样长度约为 120 mm，宽度为 3 ~ 15 mm，高度为 10 ~ 20 mm。

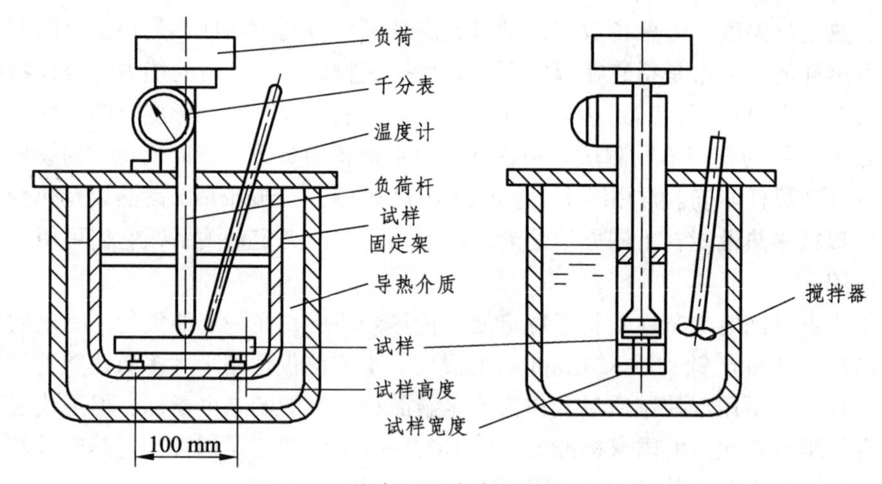

图 4-16　热变形温度实验装置示意图

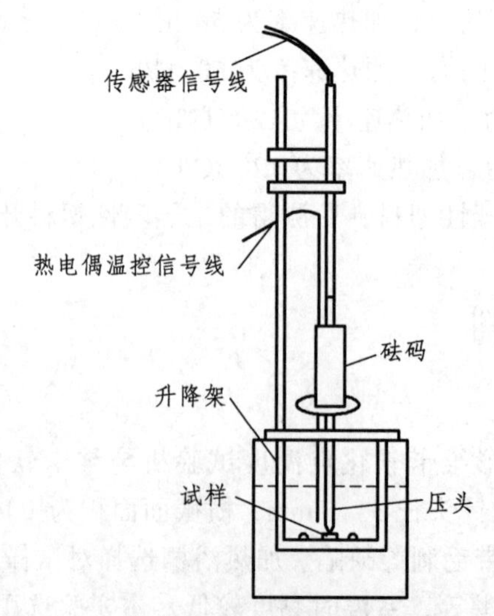

图 4-17　维卡软化点温度测试装置原理

四、实验步骤

（1）按照工控机→计算机→主机的开机顺序打开设备的电源开关，让系统启动并预热 10 min。

（2）开启 Power Test－W 计算机软件，检查软件显示的位移传感器值、温度传感器值是否正常。（正常情况下，位移传感器值显示值应该在－1.9～+1.9 内随传感器头的上下移动而变化）

（3）在主界面中选择“实验”，依据实验要求，选择实验方案名为维卡温度测试，选择实验结束方式，维卡测试定形变为 1 mm，升温速度设为 50 °C/h。填好后，按“确定”，微机显示“实验曲线图”界面，点击实验曲线图中的“实验参数”及“用户参数”，检查参数设置是否正确。

（4）按下主机面板的“上升”按钮，将支架升起，选择维卡测试所需的针式压头装在负载杆底端。安装时压头上标有的编号印迹应与负载杆的印迹一一对应。抬起负载杆，将试样放入支架，然后放下负载杆，使压头位于其中心位置，并与试样垂直接触，试样另一面紧贴支架底座。

（5）按“下降”按钮，将支架小心浸入油浴槽中，使试样位于液面 35 mm 以下。浴槽的起始温度应低于材料的维卡软化点 50 °C。

（6）按测试需要选择砝码，使试样承受负载 1 kg（10 N）或 5 kg（50 N）。本实验选择 50 N 砝码，小心将砝码凹槽向上平放在托盘上，并在其上面中心处放置一小磁钢针。

（7）下降 5 min 后，上下移动位移传感器托架，使传感器触点与砝码上的小钢磁针直接垂直接触，观察计算机上各通道的变形量，使其达到－1～+1 mm，然后调节微调旋钮，令显示屏上各通道的显示值在－0.01～+0.01 mm。

（8）点击各通道的“清零”键，对主界面窗口中各通道形变清零。

（9）在“实验曲线”界面中点击“运行”键进行实验。装置按照设定速度等速升温。显示屏显示各通道的形变情况。当压针头压入试样 1 mm 时，实验自行结束，此时的温度即为该试样的维卡软化点。实验结果以“年-月-日-时－分试样编号”作为文件名，自动保存在“DATA”子目录中。材料的维卡软化点以两个试样的算术平均值表示，同组试样测定结果之差应小于 2 °C。

（10）当达到预设的变形量或温度，实验自动停止后，打开冷却水源进行冷却。然后向上移动位移传感器托架，将砝码移开，升起试样支架，将试样取出。

（11）实验完毕后，依次关闭主机、工控机、打印机、计算机电源。

说明：

（1）试样厚度应为 3～6 mm，宽和长至少 10 mm × 10 mm 或直径大于 10 mm，制备 3 个规定试样；

（2）加砝码及变形测量装置，调节变形测量装置使之为 0。

五、实验结果及数据处理

（1）点击主界面菜单栏中的数据处理图标，进入“数据处理”窗口，然后点击打开，双击所需的实验文件名，点击“结果”可查看试样维卡温度值，记录试样在不同通道的维卡温度，计算平均值。

（2）点击“报告”，出现“报告生成”窗口，勾选“固定栏”的实验方案参数，以及“结果栏”的内容，如试样名称、起始温度、砝码重、传热介质等。按“打印”按钮打印实验报告。

六、注意事项

（1）设备使用前，必须检查设备接地良好。

（2）设备工作在高温状态，注意烫伤，特别冷却管出口，冷却时，有高温气流喷出。

七、思考题

（1）本方法适用于测定哪些塑料？为什么？

（2）材料的不同热性能测定数据能否直接比较，为什么？

（3）测得材料的维卡软化点温度可否代表材料的使用温度？

实验十一　聚合物材料动态（热）力学分析

一、实验目的

（1）了解动态热力学分析（DMA）的测量原理及仪器结构 。

（2）了解影响 DMA 实验结果的因素，正确选择实验条件 。

（3）掌握 DMA 试样制备方法及测量步骤 。

（4）掌握 DMA 在聚合物分析中的应用。

二、实验原理

材料的动态力学行为是材料在振动条件下，即在交变应力（或交变应变）作用下做出的力学反应。测试材料在一定温度范围内动态力学性能的变化即为动态热力学分析。

聚合物是黏弹性材料，研究聚合物的黏弹性常采用正弦性的交变外力，使试样产生的应变以正弦方式随时间改变，这种周期性的外力引起试样周期性的形变，应变始终落后应力一个相位。

$$\delta = \varepsilon_0 E' \sin\omega^{+} + \varepsilon_0 E'' \cos\omega^{+}$$

式中，$E'=\zeta_0 \cos\delta/\varepsilon_0$ 与应变同相的模量，称为实数模量，又称贮能模量；

$E'' = \zeta_0 \sin\delta/\varepsilon_0$ 与应变异相的模量，称为虚数模量，又称损耗模量。

损耗角正切或损耗因子 $\tan\delta = E''/E'$。

三、仪器和原料

（1）试样：聚苯乙烯（PS）。

（2）DMA 条件：多级应变尺寸为 10.00 mm × 10.22 mm × 4.2 mm ，振幅为 20 μm ，泊松比为 0.35。

（3）实验仪器：美国 TAQ800 动态机械分析仪，模量范围为 1 kPa ~ 3 TPa；频率范围为 0.01 ~ 200 Hz；力值范围为 0.001 ~ 18 N；温度范围为 – 145 ~ 600 °C；应变分辨率为 1 nm；动态变形为 ± 0.5×10^4 μm。

四、实验步骤

（1）仪器及系统校准。

（2）试样的制备。

① 对试样的总要求：表面光滑平整，无气泡，边缘精确平行、垂直，尺寸公差不超过±0.1%，湿度大于滞留溶剂的试样必须预先干燥。

② 根据试样模量大小选择受力方式，按照各测量方法，对照试样的尺寸要求制备试样。

③ 选择测量方式遵循的原则。

（3）根据测量方式选择相应夹具，将夹具固定在合金柱上，装载试样，在室温下进行应力-应变扫描，确定线性弹性区域，从而选择正确的测试条件 。

（4）测量试样尺寸。

（5）根据要求编辑测试条件。

（6）实验结束后，自动温度控制器停止工作。

五、思考题

（1）聚合物材料 DMA 分析的意义是什么?

（2）影响 E 的主要因素有哪些?

（3）影响特征温度的主要因素有哪些?

第五部分　高分子材料综合与设计实验

实验一　导电聚苯胺的制备及掺杂

一、实验目的

（1）了解聚苯胺的结构、性能和用途。

（2）掌握聚苯胺的合成原理、制备方法及相应的测试方法。

二、实验原理

20 世纪 70 年代后期由于聚乙炔的发现而产生了以共轭高分子为基础的导电高分子学科，并得到了迅猛的发展，而导电聚合物聚苯胺（聚苯胺的导电性来自其用质子酸掺杂之后具有导电性的聚合物分子形式）自 20 世纪 80 年代中期被 MacDiarmid 等重新开发以来，以其原料易得、合成简单、较高的电导率和潜在的溶液和熔融加工性能，以及良好的环境稳定性等优点，成为目前最受关注的三大导电高分子品种（聚苯胺、聚噻吩和聚吡咯）之一。正是以上这些优点，使聚苯胺有广阔的应用前景。导电聚苯胺具有较好的电磁屏蔽和微波吸收性能，如聚苯胺/聚氯乙烯导电共混材料的电磁屏蔽常数大于 50 dB。在二次电池（塑料电池）中使用聚苯胺具有良好的充放电效果，循环充电 2000 次，库仑效率仍接近 100%。导电聚苯胺是一种良好的金属防腐蚀材料，同时还是较好的防污材料，可在舰船上广泛应用。另外，聚苯胺还有电致变色、电子发光等将来可利用的性能。

聚苯胺的合成方法很多，如化学氧化聚合法、电化学聚合法、现场聚合法、缩合聚合法等，其中化学氧化聚合法较为简单，易于大批量生产，因而吸引了许多注意力。本实验采用化学氧化法合成聚苯胺，聚合机理为

$$C_6H_5\text{—}NH_2 \underset{-H^+}{\overset{-2e^-}{\rightleftharpoons}} C_6H_5\text{—}\overset{+}{N}H$$

$$C_6H_5\text{—}\overset{+}{N}H + C_6H_5\text{—}NH_2 \xrightarrow{-H^+} C_6H_5\text{—}\overset{+}{N}H_2\text{—}C_6H_4\text{—}NH_2$$

$$\sim C_6H_4\text{—}NH_2 \underset{-H^+}{\overset{-2e^-}{\rightleftharpoons}} \sim C_6H_4\text{—}\overset{+}{N}H$$

$$\sim C_6H_4-\overset{+}{N}H + C_6H_5-NH_2 \xrightarrow{-H^+} \sim C_6H_4-\overset{+}{N}H_2-C_6H_4-NH_2$$

聚苯胺分子结构一般形式为

$$*\left[\left(C_6H_4-NH-C_6H_4-NH\right)_y\left(C_6H_4-N=C_6H_4=N\right)_{1-y}\right]_n$$

掺杂之后具有导电性的分子结构为

$$*\left[\left(C_6H_4-NH-C_6H_4-NH\right)_y\left(C_6H_4-\overset{+}{N}H=C_6H_4=\overset{+}{N}H\right)_{1-y}\right]_n$$

三、试剂和仪器

化学试剂：36%浓盐酸，苯胺，过硫酸铵，樟脑磺酸（CSA），间甲酚，三氯甲烷，乙醇。

仪器设备：150 mL 三口瓶，平衡滴液漏斗，电磁搅拌器，布氏漏斗，水泵。

四、实验步骤

（1）制备。

配制 2 mol/L 的盐酸：戴手套取 25 mL 的 36%浓盐酸加入 100 mL 蒸馏水中，混合均匀，得到 2 mol/L 的盐酸。

配制 2 mol/L 的过硫酸铵水溶液：用天平称取 11.4 g 过硫酸铵晶体，轻轻搅拌使其溶解于 25 mL 蒸馏水中。

聚合反应：在装有搅拌的三口瓶中加入 50 mL 的 2 mol/L 盐酸，加入 4.7 g（4.6 mL）苯胺，在冰浴下搅拌 10 min；待温度降至 15 °C 以下（5 °C 左右为最佳），用滴液漏斗或滴管慢慢滴加配制好的过硫酸铵溶液，滴加速度为 2 ~ 3 s 一滴，始终在冰浴中保持温度低于 15 °C；滴完之后，在冰浴中保持反应温度低于 15 °C，并用电磁搅拌，继续反应 1 h。

产物处理：抽滤得到的聚合产品，并用蒸馏水洗涤数次，尽量将水抽干。

（2）掺杂。

① 盐酸掺杂。

将上述所得聚苯胺用 2.0 mol/L 盐酸溶液浸泡（搅拌）2 h 进行掺杂。过滤，干燥至恒重。计算收率。

把干燥的聚苯胺研磨成粉末，在 1 MPa 压力下压制成直径 15 mm、厚度为 4 mm 的圆片，观察其导电情况。

② PANI-CSA 薄膜的制备。

将 PANI-CSA 粉末溶于分析纯间甲酚和氯仿的混合溶剂中，混合溶剂体积比为 20/80，混合溶液浇铸在 15 cm × 10 cm 的玻璃板上，经自然晾干除去溶剂后取膜，40 °C 下真空干燥至恒量（24 ~ 48 h）。

五、注意事项

（1）苯胺难溶于水，要在水相进行聚合必须将水酸化。本实验即用盐酸将苯胺质子化，这样能大大增大苯胺在水中的溶解度。并且，过硫酸铵在酸性条件下更稳定，而碱性条件下更容易分解产生氧气和臭氧，或者氧化水生成过氧化氢和硫酸氢铵。

（2）苯胺的氧化聚合是放热反应，加料时控制滴加速度，避免温度过高，影响产率。

（3）苯胺有一定的毒性，使用时应多加小心。

六、思考题

（1）聚苯胺导电体应具有怎样的结构？为了使其能够导电，还需要采取怎样的措施？

（2）聚苯胺光学吸收的原理是什么？

实验二　硬脂酸改性碳酸钙在 PE 中的应用

一、实验目的

（1）巩固高分子成型加工原理知识。

（2）熟练使用高分子材料成型加工、测试分析仪器。

二、实验原理

通过物理和机械的方法在高分子聚合物中加入无机或有机物质，或将不同类的高分子聚合物共混，或用化学方法实现高聚物的共聚、接枝、交联，或将上述方法连用、并用，以达到使材料的成本降低、成型加工性能或最终性能改善，或在磁、光、热、声、燃烧等方面被赋予独特功能等效果，称之为高聚物的改性。填充改性就是在塑料成型加工过程中加入无机填料或有机填料，使塑料制品的原料成本降低达到增量的目的，或使塑料制品的性能有明显的改善，即在牺牲某些性能的同时，使人们所希望的另一方面的性能得到明显提高或各种性能都得到提高。用碳酸钙填充聚乙烯，可以增强被填充产品的硬度、刚性、抗压耐磨性和降低制品收缩性及因收缩引起的变形等，大大降低了企业生产成本。然而碳酸钙是一种无机材料，与聚乙烯的相容性较差，于是为了改善碳酸钙粒料表面与聚烯烃之间的界面相容性，通常需要对碳酸钙表面进行有机改性。改性碳酸钙表面的改性剂种类很多，硬脂酸是其中之一，其特点是廉价易得。本实验将不同质量分数的表面经硬脂酸处理的碳酸钙粒子填充到聚乙烯中，在双螺杆挤出机的压力和剪切力作用下混合均匀，经冷却、吹干、造粒得到填充改性的粒料。将经过干燥的粒料用注射机注射成测试样条，然后测试材料的缺口悬臂梁冲击强度、拉伸强度和断裂伸长率。找出填料含量对材料力学性能的影响规律。

三、实验设备与试剂

设备：SHJ-30 型螺杆挤出机，MTS-20B 注塑机，XJUD-5.52 数显悬臂梁冲击试验机，XRD（Ultima Ⅳ），XHRD-150 塑料洛氏硬度计，JZ-5016 溶体流动速率仪，WDW-30 微机控制电子万能试验机，DF-101S 磁力搅拌器。

试剂：高密度聚乙烯，碳酸钙（2 000 目），硬脂酸（SA，AR），石蜡。填充聚乙烯的配方如表 5-1 所示。

表 5-1 填充聚乙烯配方

样品	PE/phr	SA 改性碳酸钙/phr	石蜡/phr
1	100	0	1.5
2	100	5	1.5
3	100	10	1.5
4	100	15	1.5
5	100	20	1.5
6	100	25	1.5

注：每份材料为 3.0 g，phr 为每百克份数。

四、实验步骤

1）填充聚乙烯的制备

（1）制取硬脂酸改性碳酸钙。

取一定量的轻质 $CaCO_3$ 放入干燥瓶中，将瓶口用滤纸封住，并将滤纸上用针戳若干细洞，然后将干燥瓶放入电热鼓风干燥箱 120 °C 烘干 6 h。然后称取一定量的 $CaCO_3$ 加入高混机中对其进行高速搅拌 5 min 后，再将一定量的硬脂酸（$CaCO_3$ 质量的 3%）加入高混机中，继续恒温搅拌 10 ~ 30 min 即可。制作完成后，将所制成的改性碳酸钙放入带水的烧杯中，如碳酸钙悬浮在水面上，即改性完成。

（2）改性碳酸钙/PE 复合材料的制备。

① 改性碳酸钙/PE 复合材料的挤出制备过程。

a. 预热升温：打开双螺杆挤出机总电源开关及各段电加热电源开关，对各加热区进行参数设定，开始升温。待各段预热到要求温度时，再次检查并趁热拧紧机头各部分螺栓等连接处，保温 10 min 以上。

b. 按配方表称取物料，并在高混机中充分混合。

c. 待挤出机预热完成后，加入混合好的物料。

d. 开启主机，设置主机转速。

e. 开始挤出，设置喂料速度，并持续搅拌料斗里的共混物料。

f. 将挤出的物料切粒冷却；装袋，做好标记。

其主要的参数设置如表 5-2 所示。

表 5-2 挤出机设定参数

温区	第一区	第二区	第三区	第四区	第五区
温度/°C	160	160	170	175	175

② 改性碳酸钙/PE复合材料注塑工艺过程。

a. 打开注塑机主开关，设置预热温度参数。

b. 预热30 min后，设置压力参数。

c. 将粉碎后的挤出料倒进料斗中，按下锁模按钮进行锁模操作，按后座进键进后座，按储料键进行储料，按射出键进行注塑，按后座退键退后座，按开模键开模取样，托模退顶出样品，操作完毕，关闭主机开关。得到改性$CaCO_3$/PE复合材料的样条，装袋，做好标记。

实验采用ZH-88D型注塑机。其主要的参数如表5-3所示。

表5-3　注塑机设定参数表

温区	第一区	第二区	第三区	第四区
温度/°C	175	170	165	160

注：注射压力为55.0 MPa，成型周期为30.0 s。

2）填充聚乙烯的性能测试

为了检测未填充PE和用SA改性碳酸钙填充后PE的性能改善情况，现对实验制出的试样进行以下测试。

（1）XRD测试。

主要是对改性后PE进行物相分析，检测是否填充成功，使用UltimaⅣX射线衍射仪。测试条件为电压40 kV，电流30 mA，起始角度为5°，终止角度为40°，采用步宽0.02°逐步扫描。

（2）吸水率测试。

复合材料吸水后的含水量对其绝缘电阻、力学性能、外观和尺寸等有较大影响，通过吸水率测定可了解水分对PE性能的影响。将制备好的试样放入蒸馏水中沸煮5 h后取出称量，然后将试样放置在通风处晾干一周后称质量，一直重复上步操作至试样达到恒量，然后计算其吸水率。

（3）力学性能测试。

主要是测试填充PE后的各项性能是否得到改善或优化。主要测试的性能有冲击韧性，对PE材料在动负荷下抵抗冲击的性能进行检验，XJUD-5.52型数显悬臂梁冲击试验机（GB/T 13525—92）；拉伸，测量抗拉强度等，WDW-30微机控制电子万能试验机（GB/T 13525—92）；硬度测量，表示抵抗硬物压入的性能，塑料洛氏硬度计（GB 9342—88）。

（4）熔融指数测试。

主要表示塑胶材料加工时的流动性的数值。JZ-5016溶体流动速率仪（GB/T 3682—2000），用于考察填充材料对PE的加工性能的影响。熔体流动速率系指热塑性塑料在一定温度和负荷下，熔体每10 min通过标准口模的质量，用MFR来表示，其数值可以表征热塑性塑料在熔融状态时的黏流特性。

五、注意事项

（1）熔体被挤出之前，任何人不得在机头口模的正前方。挤出过程中，严防金属杂质、小工具等物落入进料口中。

（2）清理机头口模时，只能用铜刀，铜棒等工具，切忌损坏螺杆和口模等处的光洁表面。

（3）挤出过程密切注意工艺条件的稳定，不得任意的改动，若发现电流突增应立即停机检查原因，进行检查处理之后在恢复实验。

六、思考题

（1）通过试样性能检测结果，分析产物性能与原料工艺参数及实验设备操作的关系。

（2）影响产物均匀性的主要原因有哪些？怎样影响，如何控制？

（3）在实验中，应控制哪些条件才能保证得到质量较好的样品及制品？

实验三　增韧阻燃高抗冲聚苯乙烯的制备

一、实验目的

（1）了解阻燃聚苯乙烯的组成及增韧的基本原理。

（2）掌握塑料改性的基本方法、制备过程及相应的性能测试方法。

二、实验原理

高抗冲聚苯乙烯（HIPS）是一种常用的塑料，具有较高的力学性能，被广泛用于电子电器、现代办公用品和通信器材等领域。但由于受 HIPS 分子结构和组分的影响，使 HIPS 具有易燃性。虽然不同的电子电器产品使用需求不同，但不少电子电器产品都要求其塑料部件具有良好的阻燃性。这就需要对 HIPS 进行阻燃改性，获得符合阻燃使用要求的 HIPS 材料。目前阻燃 HIPS 材料的制备是通过在 HIPS 中添加阻燃剂及其他固体粉料助剂，通过共混和熔融混合得到阻燃 HIPS 材料。但 HIPS 材料中添加了无机或有机粉末阻燃剂后，其复合材料的物理力学性能大幅度下降，特别是冲击性能下降明显，影响了阻燃 HIPS 材料的应用，因而在阻燃 HIPS 的制备过程中，加入适当的增韧剂则十分必要。通过加入增韧剂能提高阻燃 HIPS 的综合力学性能。

三、试剂和仪器

（1）试剂原料：

HIPS：LDT006B2522；十溴联苯醚（DBDPO）：FR-10；三氧化二锑（Sb_2O_3）：NS60725；分散剂：TS-2A；K 胶：PB-5903；（乙烯/丙烯/二烯）共聚物（EPDM）：PN-107；（苯乙烯/丁二烯/苯乙烯）共聚物（SBS）：PW-957；粉末丁腈橡胶（NBR）：PNR-33。

（2）仪器设备：

μPXRZ-400A 型熔体流动速率（MFR）仪；MZ-2054 型简支梁冲击试验机；BOLE125/80A-I 型注塑机；Φ45 型单螺杆挤出机；SHR-10A 型高速混合机；CZF-3 型水平垂直燃烧测定仪；WDT-200 型电子万能试验机；ZR-01 型氧指数仪；E600 型高分辨光学显微镜。

四、实验步骤

1）试样制备

（1）试样配方。

以未改性的 HIPS（未加其他物质）作为对照物进行制样，增韧阻燃 HIPS 的基本配方如表 5-4 所示。

表 5-4 实验基本配方

材料	配方编号												
	1#	2#	3#	4#	5#	6#	7#	8#	9#	10#	11#	12#	13#
HIPS	334	322	310	298	322	310	298	322	310	298	322	310	298
K 胶		12	24	36		12	24	36					
EPDM					12	24	36						
SBS								12	24	36			
NBR										12	24		36
DBDPO	45	45	45	45	45	45	45	45	45	45	45	45	45
Sb_2O_3	15	15	15	15	15	15	15	15	15	15	15	15	15
分散剂	6	6	6	6	6	6	6	6	6	6	6	6	6

（2）增韧阻燃 HIPS 的制备。

按配方准确称取 HIPS、阻燃剂、增韧剂和其他助剂，加入高速混合机中进行高速搅拌，物料在高速搅拌下产生摩擦热而升温，分散剂全部熔化使粉状物料均匀包覆在 HIPS 颗粒的表面，当物料温度达到约 80 °C 时，即可出料，冷却待用。将混合均匀的物料用双螺杆挤出机在温度为Ⅰ区（160 ~ 170 °C）、Ⅱ区（170 ~ 180 °C）、Ⅲ区（185 ~ 190 °C），螺杆转速为 870 r/min 条件下挤出，得到料条，经空气冷却、牵引、切粒得到增韧阻燃 HIPS 粒料。

（3）注塑标准试样。

将增韧阻燃 HIPS 粒料加入注塑机的料斗中，在温度为Ⅰ区（160 ~ 170 °C）、Ⅱ区（170 ~ 180 °C）、Ⅲ区（180 ~ 200 °C），注塑压力为 40 ~ 50 MPa 条件下，注射成型得到标准试样。

2）性能测试

MFR 按 GB 3682—1989 测试；拉伸性能按 GB/T 1040—1992 测试；弯曲强度按 GB/T 9341—2000 测试；冲击强度按 GB/T 1043—1993 测试；氧指数按 GB/T 2406—1993 测试；垂直燃烧按 GB/T 2408—1996 进行实验。

五、注意事项

（1）阻燃剂的分散要尽量均匀，否则不能发挥其作用。
（2）测试样条制备要符合标准，这样得到的结果才具有可比性。

六、思考题

（1）分散剂的作用是什么？
（2）增韧剂的增韧原理是什么？
（3）通过比较，哪种增韧剂的效果更好？

实验四　聚合物的3D打印成型

一、实验目的

（1）了解三维打印技术的基本原理。
（2）熟悉三维打印机的基本构造和模型制作过程。
（3）通过现场学习及实践，加深对3D快速成型工艺的理解。

二、实验原理

3D打印，是制造业领域正在迅速发展的一项新兴技术，被称为“具有工业革命意义的制造技术”。运用该技术进行生产的主要流程是：应用计算机软件，设计出立体的加工样式，然后通过特定的成型设备（俗称3D打印机），用液态、粉末、丝状的固体材料逐层“打印”出产品。

3D打印是“增材制造”的主要实现形式。“增材制造”的理念区别于传统的“去除型”制造。传统数控制造一般是在原材料基础上，使用切割、磨削、腐蚀、熔融等办法，去除多余部分，得到零部件，再以拼装、焊接等方法组合成最终产品。而“增材制造”与之截然不同，无须原胚和模具，就能直接根据计算机图形数据，通过叠加材料的方法生成任何形状的物体，简化产品的制造程序，缩短产品的研制周期，提高效率并降低成本。

熔融挤出成型FDM（Fused Deposition Modeling）是目前桌面级3D打印机最常使用的技术。FDM工艺的材料一般是热塑性材料，如蜡、ABS、PC、尼龙等，以丝状供料。材料在喷头内被加热熔化。喷头沿零件截面轮廓和填充轨迹运动，同时将熔化的材料挤出，材料迅速固化，并与周围的材料粘接。每一个层片都是在上一层上堆积而成，上一层对当前层起到定位和支撑的作用。每层厚度在0.025～0.762 mm，一层一层慢慢叠加，最后形成零件。

FDM工艺之关键是保持半流动成形材料刚好在凝固点之上，也就是对温度的控制较为重要。FDM喷头受水平分层数据控制，当它沿着 *XY* 方向移动，半流动融丝材料从FDM喷头挤压出来，很快凝固，形成精确的层。

三、实验仪器及材料

THSD-3000型3D打印机，聚乳酸或PC线材。

四、实验内容

用 3D 打印机制作一件模型制品，尺寸大小控制在 180 mm × 180 mm × 180 mm 之内。打印模型可以通过任意 3D 建模软件建模，也可以从网上下载。

打印机操作步骤：

（1）连接计算机；设置计算机 IP 地址以及输入打印机对应 IP，使计算机和打印机相连接；

（2）调节 Setbed：通过对打印机的 Setbed 调节，实现打印过程的在线补偿；

（3）X、Y、Z 回零操作；

（4）打印模型；

（5）在线监测；

（6）打印完成后，关闭打印机、计算机。

五、注意事项

（1）请勿在没有人员监督的情况下使用 3D 打印机。

（2）打印过程中和刚打印完成的时候，避免碰撞打印机内部的结构和打印件，以免烫伤。尤其注意碰头部分，温度大约为 210 °C。

（3）如果打印时发生打印机冒烟，产生异常噪声时，请立即关闭电源开关，停止打印机工作。

六、思考题

（1）影响 3D 打印精度的因素有哪些？

（2）3D 打印快速成型工艺与传统工艺各自的优势是什么？

实验五　水杯、矿泉水瓶材料和太空杯材料分析

一、实验目的

（1）了解 FT-IR、DSC 和 TG 的基本原理和操作步骤。
（2）掌握 FT-IR、DSC 和 TG 的样品制备方法及谱图分析方法。
（3）分析并确定一次性水杯、矿泉水瓶和太空杯材料的组成。

二、设备及材料

红外光谱仪（FT-IR），差示扫描量热仪（DSC），热重分析仪（TG）。市售的矿泉水瓶和太空瓶，洗净晾干，备用。

三、实验内容

对聚合物进行红外光谱测试时，常见的样品制样方法一般包括流延薄膜法、热压薄膜法和溴化钾压片法，此外还有切片法、溶液法、石蜡糊法等。本实验采用热压膜法制样，用剪刀在材料上取下 5 mm × 5 mm 的小片，将其放在两个载玻片中间，置于加热的电炉上，当加热至熔融状态时，将其压平，冷却后将材料薄膜剥离下来进行红外和紫外测试。

测定 DSC 和 TG 时，则使用原始材料，质量为 3 ~ 5 mg，N_2 气氛，升温速率为 10 °C/min。

四、结果分析

通过红外检测分析，确定几种瓶子所用的材料；从差示扫描量热仪、热重分析仪的数据，分析比较这几种材料性能上的差别。

实验六　聚合物材料设计配方

一、实验目的

（1）掌握高分子合金设计的原理和方法。
（2）根据实验任务和内容自行设计产品配方或加工工艺参数。

二、实验任务及内容

聚合物材料的配方和造粒，制备标准试样、测定聚合物材料各种性能

三、实验项目

1）PC/ABS 高分子合金的制备

以通用的 PC、ABS 为原料，制备 PC/ABS 合金，用于汽车、电子器件、家用电器等领域。

合金材料要求达到的性能指标如表 5-5 所示，设计配方，制备出符合要求的 PC/ABS 共混材料。

表 5-5　合金材料性能指标

项目	标准	单位符号	测试条件	典型值
密度	ISO1183-1	g/cm^3	23 °C	1.18
拉伸强度	ISO527	MPa	23 °C	52
伸长率	ISO527	%	23 °C	80
弯曲强度	ISO178	MPa	23 °C	75
弯曲模量	ISO178	MPa	23 °C	2 400
悬臂梁缺口冲击强度	ISO180	kJ/m^2	3.2 mm，23 °C	50
热变形温度	ISO75-2	°C	0.45 Mpa	130
阻燃性	UL-94		1.6 mm	V0
成型收缩率	ISO294-4	%	23 °C	0.5 ~ 0.8

2）充电桩外壳材料

充电桩外壳材料性能要求为阻燃、耐候、耐低温，推荐的材料是具有此性能的 PC 或 PC/ABS 合金，通常用于充电桩外壳、电器外壳、充电器、笔记本等。改性 PC 料的性能指标如表 5-6 所示，以 PC 为主，设计并制备达到性能要求的材料。

表 5-6　改性 PC 料的性能指标

项目	标准	单位符号	测试条件	典型值
密度	ISO1183-1	g/cm	23 °C	1.2
拉伸强度	ISO527	MPa	23 °C	55
伸长率	ISO527	%	23 °C	90
弯曲强度	ISO178	MPa	23 °C	65
弯曲模量	ISO178	MPa	23 °C	2 200
悬臂梁缺口冲击强度	ISO180	kJ/m^2	3.2 mm，23 °C	30
热变形温度	ISO75-2	°C	0.45 MPa	120
阻燃性	UL-94		1.6 mm	V0
成型收缩率	ISO294-4	%	23 °C	0.5 ~ 0.7

附录 A　常用引发剂和单体的纯度分析

一、甲基丙烯酸甲酯的精制及纯度分析

（一）甲基丙烯酸甲酯的精制

甲基丙烯酸甲酯是无色透明的液体，其沸点为 100.3 ~ 100.6 °C；密度为 0.937；折光率为 1.413 8。甲基丙烯酸甲酯常含有稳定剂对苯二酚。首先在 1 L 分液漏斗中加入 750 mL 甲基丙烯酸甲酯（MMA）单体，用 5%的 NaOH 水溶液反复洗至无色（每次用量 120 ~ 150 mL），再用蒸馏水洗至中性，以无水硫酸镁干燥后静置过夜，然后进行减压蒸馏，收集 46 °C/13 332.2Pa 的馏分，测其折光率。

甲基丙烯酸甲酯的沸点与压力的关系如表 A-1 所示。

表 A-1　甲基丙烯酸甲酯的沸点与压力对应关系

压力/Pa	2 666.44	3 999.66	5 332.88	6 666.1	7 999.32	9 332.54	10 665.76	11 998.98
温度/ °C	11.0	21.9	25.5	32.1	34.5	39.2	42.1	46.8
压力/Pa	13 332.2	26 664.4	39 996.6	53 328.8	66 661	79 993.2	101 324.72	
温度/ °C	46	63	74.1	82	88.4	94	101.0	

（二）溴化法则定甲基丙烯酸甲酯的纯度

1. 实验目的

分析甲基丙烯酸甲酯的纯度，掌握含碳碳双键化合物定量测定的一般方法——溴化法。

2. 实验原理

溴化法是含碳碳双键化合物定量测定常用的化学方法，此种方法的原理是测定加成到双键上的溴量，其反应为

$$CH_2{=}C(CH_3){-}COOH + Br_2 \longrightarrow CH_2Br{-}CBr(CH_3){-}COOH$$

习惯上常用“溴值”表示加成到双键上的溴量，所谓“溴值”是指加成到100 g被测定物质上所用溴的质量（单位：g）。将实测溴值与理论溴值比较，即可求出该不饱和化合物的纯度。

溴化法是在被测定的试样中加入溴液或能产生溴的物质——溴化试剂。常用的溴化试剂为溴-四氯化碳溶液、溴-乙醇溶液和溴化钾-溴酸钾溶液。前者是强烈的溴化剂，在溴加成的同时，也常伴随发生取代反应，尤其是带侧链的不饱和化合物，更容易发生取代反应。而后者是在酸性介质中进行氧化还原反应生成溴。这种溴化试剂可以大大降低取代反应发生，常用于易发生取代反应的不饱和化合物。溴与双键加成。过量的溴使碘化钾析出碘。然后用硫代硫酸钠溶液滴定碘，从而间接求出样品的“溴值”和纯度。

3. 实验步骤

用自制的小玻璃泡准确称量0.180～0.200 g甲基丙烯酸甲酯试样，放入磨口锥形瓶中，加入10 mL的37%醋酸做溶剂。用玻璃棒小心地将玻璃泡压碎，用少量蒸馏水冲洗玻璃棒。用移液管准确吸取50 mL的KBr-$KBrO_3$溶液（0.1 mol/L），注入锥形瓶中。迅速加入5 mL浓盐酸，盖紧瓶塞，摇匀后，避开直射日光放置20 min，其间应不断摇动，然后加入1 g固体KI，摇动使之溶解后，在暗处放置5 min，用0.05 mol/L的$Na_2S_2O_3$标准溶液滴定。当溶液呈浅黄色时，加入2 mL的1%淀粉溶液，继续滴定至蓝色消失。记录读数。重复以上试验两次。并同时做空白试验两次。

4. 数据处理

$$\text{“溴值”}=\frac{(A-B)\times c\times 7.9916}{m}$$

$$\text{纯度}/\%=\frac{(A-B)\times c\times 7.9916}{m}\times 100$$

式中，A——空白试验中消耗的$Na_2S_2O_3$溶液的体积，mL；

B——滴定样品时，消耗的$Na_2S_2O_3$溶液的体积，mL；

c——$Na_2S_2O_3$溶液的浓度，mol/L；

m——样品的质量，g。

5. 注　释

（1）测定挥发性很高的液体样品时，需采用玻璃小泡称量取样，因为这类液体即使在磨口玻璃塞瓶中称量，也会遭到严重损失。同时有些液体放出腐蚀性的蒸气或气体易损伤天平的精度。

试样吸入步骤：将准确称量好的玻璃小泡（小泡直径约10 mm左右），在小火焰中微微加热，借膨胀作用赶出泡中一些空气，迅速将小泡的支管（毛细管）的尖端插入试样的液面以下；利用小泡中空气收缩把试样吸入小泡内，再小心地用小火将支管封口，注意勿使试样受热分解；准确称量吸入试样小泡的质量，计算出试样的质量。

（2）0.1 mol/L 的 KBr-$KBrO_3$溶液的配制：称取 17.5 g 的 KBr 和 2.784 g 的 $KBrO_3$用蒸馏水溶解至 1 L 备用，存放在避光处。

（3）0.05 mol/L 的 $Na_2S_2O_3$溶液配制及标定。

① 配制：将 12.5 g 的 $Na_2S_2O_3$用刚煮沸过的冷蒸馏水溶解到 1 L；放置 8 ~ 14 天过滤储存于棕色瓶中备用。

假如要使 $Na_2S_2O_3$长期存放，应加 0.02%碳酸钠以防分解，而加入 10 g/L 碘化汞可防止微生物作用。

② 标定：将分析纯的重铬酸钾（$K_2Cr_2O_7$）在 130 °C 烘箱中干燥 3 h 后，准确称取 0.100 0 ~ 0.150 0 g 的 $K_2Cr_2O_7$放在 300 mL 磨口锥形瓶中；加入 20 mL 蒸馏水，使之溶解，再加 15 g 碘化钾和 2 mol/L 的盐酸 15 mL，盖好瓶塞充分摇动，放置暗处 5 min；用 150 mL 蒸馏水稀释，以硫代硫酸钠溶液滴定到淡黄绿色，然后加入 2 mL 1%淀粉溶液；继续滴定到蓝色消失，变成绿色为止。其浓度计算为

$$M_{Na_2S_2O_3} = \frac{1\,000 \times m}{VM'}$$

式中，M——$K_2Cr_2O_7$的质量，g；

M'——$K_2Cr_2O_7$的相对分子质量；

V——消耗的 $Na_2S_2O_3$溶液的体积，mL。

6. 思考题

（1）用化学反应方程式表示出溴化法分析甲基丙烯酸甲酯的原理。

（2）试计算甲基丙烯酸甲酯的理论“溴值”，并推导测定“溴值”时的计算公式。

（3）在实验中影响准确度的主要因素是哪些，为什么？

（4）在测定样品的溴值时，为什么先要避光放 20 min，而加入 KI 后又要放置于暗处？

二、苯乙烯的精制和纯度分析

苯乙烯为无色或淡黄色透明液体。其沸点为 145.20 °C；密度为 0.906 0；折光率为 1.554 69。

取 150 mL 苯乙烯于分液漏斗中，用 5%氢氧化钠溶液反复洗至无色（每次用量 30 mL）。再用蒸馏水洗涤到水层呈中性为止。用无水硫酸镁干燥。干燥后的苯乙烯在 250 mL 克氏蒸馏瓶中进行减压蒸馏。收集 44 ~ 45 °C/2 666.44 Pa 或 58 ~ 59 °C/5 332.88 Pa 的馏分，测量折光率。

苯乙烯的沸点和压力的关系如表 A-2 所示。

表 A-2　苯乙烯的沸点和压力对应关系

压力/Pa	666.61	1 333.22	2 666.44	3 999.66	5 332.88	6 666.1
温度/ °C	17.9	30.7	44.6	53.3	59.8	65.1
压力/Pa	7 999.32	9 332.54	10 665.76	11 998.98	13 332.2	26 664.4
温度/ °C	69.5	73.3	76.5	79.7	82.4	101.7
压力/Pa	3 996.6	53 328.8	66 661	7 993.2	101 324.72	
温度/ °C	113.0	123.0	130.5	136.9	145.2	

苯乙烯纯度分析，可采用溴化法（详见甲基丙烯酸甲酯纯度分析）或气相色谱分析等。

三、醋酸乙烯的精制和纯度分析

（一）醋酸乙烯的精制

1. 实验目的

了解单体精制的目的，了解醋酸乙烯中各种杂质对其聚合的影响。掌握醋酸乙烯单体的提纯方法。

醋酸乙烯是无色透明的液体。沸点 72.5 °C；冰点 – 100 °C；密度为 0.934 2；折光率为 1.395 6。在水中溶解度（20 °C）为 2.5%，可与醇混溶。

目前我国工业生产的醋酸乙烯采用乙炔气相法。在此法生产过程中，副产品种类很多。其中对醋酸乙烯聚合影响较大的物质有乙醛、巴豆醛（丁烯醛）、乙烯基乙炔、二乙烯基乙炔等。

实验室中使用的醋酸乙烯，为便于储存在单体中还加入了 0.01% ~ 0.03%对苯二酚阻聚剂，以防止单体自聚。此外，在单体中还含有少量酸、水分和其他杂质。因此在进行聚合反应之前，必须对单体进行提纯。

2. 实验步骤

把 20 mL 的醋酸乙烯放在 500 mL 分液漏斗中，用饱和亚硫酸氢钠溶液洗涤 3 次，每次用量 50 mL，然后用蒸馏水洗涤 3 次。再用饱和碳酸钠溶液洗涤 3 次，每次用量 50 mL。然后用蒸馏水洗涤 3 次，最后将醋酸乙烯放入干燥的 500 mL 磨口锥形瓶中，用无水硫酸镁干燥、静置过夜。

将干燥的醋酸乙烯，在装有唯氏分馏柱的精馏装置上进行精馏。为了防止瀑沸和自聚，在蒸馏瓶中加入几粒沸石及少量对苯二酚阻聚剂。开始加热分馏，并收集 71.8 ~ 72.5 °C 之间的馏分，测其折光率。

3. 思考题

（1）在聚合前醋酸乙烯为什么要进行精制？各种杂质对聚合反应有什么影响？
（2）用饱和亚硫酸氢钠和饱和碳酸钠洗涤单体的目的何在？
（3）为什么无水硫酸镁可以作为醋酸乙烯的干燥剂？其干燥的原理如何？
（4）分馏原理是什么？醋酸乙烯的分馏目的是什么？

（二）纯度分析

（1）溴化方法（详见 MMA 纯度分析）。
（2）气相色谱法等。

四、丙烯腈的精制和纯度分析

（一）丙烯腈的精制

丙烯腈为无色透明液体。其沸点 77.3 °C；密度为 0.806 0；折光率为 1.391 1。在水中的溶解度（20 °C）为 7.5%。

吸取 200 mL 工业丙烯腈放于 500 mL 蒸馏瓶中进行普通蒸馏，收集 73 ~ 78 °C 馏分，测其折光率。

注意，丙烯腈有剧毒，操作最好在通风橱中进行，操作过程中要仔细，绝对不能进入口中或接触皮肤。仪器装置要严密，毒气应排出室外，残渣要用大量水冲洗掉！

（二）纯度分析

1. 化学分析法

1）2,3-二巯基丙醇法

丙烯腈与 2,3-二巯基丙醇在碱性催化剂存在下，进行定量的加成反应，过量的 2, 3-二巯基丙醇在酸性介质中与碘定量反应，以此确定丙烯腈的含量。此法简单，误差小，对于低浓度较为接近真实值。

$$2CH_2{=}CH{-}CN + \underset{\displaystyle SH}{\underset{|}{CH_2}}{-}\underset{\displaystyle SH}{\underset{|}{CH}}{-}CH_2OH \xrightarrow{OH^-} \underset{\displaystyle S{-}CH_2{-}CH_2{-}CN}{\underset{|}{CH_2}}{-}\overset{\displaystyle S{-}CH_2{-}CH_2{-}CN}{\overset{|}{CH}}{-}CH{-}OH$$

$$\begin{array}{l}CH_2-CH-CH_2OH\\ |\quad\quad\;\; |\\ SH\quad\; SH\end{array} + I_2 \xrightarrow{H^+} \begin{array}{l}CH_2-CH-CH_2OH\\ |\quad\quad\;\; |\\ S\;\text{———}\;S\end{array}$$

（1）药品：

① 0.2 mol/L 的 2, 3-二巯基丙醇溶液 20 mL（约为 24.9 g）；

② 2, 3-二巯基丙醇溶液溶于 2 L 乙醇中，摇匀避光放置 1 天；

③ 0.5 mol/L 的 NaOH 溶液，20 g 的 NaOH 溶于 1 L 蒸馏水中；

④ 0.5 mol/L 的 $KOH-C_2H_5OH$ 溶液，28 g 的 KOH 溶于 1 L 乙醇中；

⑤ 6 mol/L 盐酸，12 mol/L 盐酸 500 mL 用水稀释至 1 L。

（2）分析步骤。

准确吸取 2, 3-二巯基丙醇-乙醇溶液 20 mL，置于 100 mL 碘量瓶中。并准确吸取一定量样品，加入 2 ~ 3 滴酚酞指示剂，用 0.5 mol/L 的 NaOH 溶液或 0.5 mol/L 的 $KOH-C_2H_5OH$ 溶液中和至微红色。再过量 10 mL，充分摇动使其反应完全，用 2 mL 的 6 mol/L HCl 酸化，摇匀，用 0.1 mol/L 标准碘溶液滴定至淡黄色，摇 0.5 min 不褪色即为终点。

同时作一空白实验。记录滴定样品与空白实验消耗的碘液体积。

$$丙烯腈/\% = \frac{(V_1 - V_2) \times c \times 0.053\ 06}{m} \times 100$$

式中，V_1——空白试验消耗的碘液的体积，mL；

V_2——滴定样品时消耗的碘液的体积，mL；

c——标准碘液的浓度，mol/L；

0.053 06——丙烯腈的毫摩尔质量；

m——样品质量，g。

（3）注释。

① 样品含量 > 40%时，用 0.25 mL 注射器称取 0.1 ~ 0.2 g 样品；样品含量 < 40%时，用 0.1 或 0.2 mL 移液管取样。

② HCl 不宜过多，否则碘液易被分解，使结果偏低。

（4）配制：用少量水溶解 25 g 的 KI。在不断搅拌下加入 13 g 碘（化学纯）待全部溶解后，移入 1 L 容量瓶中，用水稀释至刻度，过滤贮于棕色瓶中，过夜，待标定。

（5）标定。

用移液管吸取 25 mL 碘液 3 份，分别加入 50 mL 蒸馏水和 1：1 的 HCl 5 mL，用 0.05 % 的标准 $Na_2S_2O_3$ 溶液滴定至微黄色后，加入 0.5%淀粉溶液 2 mL，继续以 $Na_2S_2O_3$ 滴定蓝色刚好消失为止。

$$c_{I_2} = \frac{V \times c}{V_{I_2}}$$

式中，V——滴定时消耗的 $Na_2S_2O_3$ 溶液的体积，mL；

V_{I_2}——标准碘溶液的体积，mL；

c——$Na_2S_2O_3$ 溶液的浓度；mol/L；

c_{I_2}——碘液的浓度，mol/L。

2）亚硫酸钠法

丙烯腈与亚硫酸钠在水溶液中起加成反应，并生成定量的 NaOH，用标准盐酸滴定，以茜素黄-麝香草酚酞作指示剂，溶液滴定至由紫色变为无色为终点。同时做空白实验。

$$CH_2{=}CH{-}CN + Na_2SO_3 \longrightarrow CH_2{-}\underset{\displaystyle SO_3Na}{\underset{|}{}}CH{-}CN + NaOH$$

$$NaOH + HCl \longrightarrow NaCl + H_2O$$

此法简便，误差小，适用于高浓度丙烯腈的测定。

（1）药品。

① 1 mol/L 的 Na_2SO_3 溶液：称取 252 g 结晶的 Na_2SO_3 或 126 g 无水 Na_2SO_3，用蒸馏水溶解后移入 1 L 容量瓶中，用水稀释至刻度。

② 茜素黄-麝香草酚酞混合指示剂：称取 0.1 g 茜素黄及 0.2 g 麝香草酚酞溶于 100 mL 乙醇中，即可使用。颜色变化 pH 为 0.2。变化十分敏锐，当溶液由碱性转为酸性时，颜色由紫色变为淡黄色。

③ 0.5 mol/L 标准盐酸。

（2）分析步骤。

于 250 mL 碘瓶中加入 1 mol/L 的 $Na_2S_2O_3$ 溶液 25 mL，准确地加入一定量样品（根据样品浓度决定），具塞瓶用蒸馏水封好瓶塞，摇动静置 15 min，使反应完全，加入茜素黄-麝香草酚酞混合指示剂 5 滴，用 0.5 mol/L 标准盐酸滴定到紫色消失为止。同时做空白试验。

$$\text{丙烯腈}/\% = \frac{(V_1 - V_2) \times c \times 0.053\ 06}{m} \times 100$$

式中，V_1——空白滴定时消耗的标准盐酸溶液的体积，mL；

V_2——滴定样品时消耗的标准盐酸溶液的体积；mL；

c——标准盐酸的浓度，mol/L；

m——样品质量，g；

0.053 06——丙烯腈的毫摩尔质量。

五、常用引发剂的精制

（一）过氧化苯甲酰（BPO）的精制

过氧化苯甲酰的提纯常采用重结晶法。通常以氯仿为溶剂，以甲醇为沉淀剂进行精制。过氧化苯甲酰只能在室温下溶于氯仿中，不能加热，因为容易引起爆炸。

纯化步骤：在 1 L 烧杯中加入 50 g 过氧化苯甲酰和 200 mL 氯仿，不断搅拌使之溶解、过滤，其滤液直接滴入 500 mL 甲醇中，将会出现白色的针状结晶（即 BPO）；然后将带有白色针状结晶的甲醇再过滤，再用冰冷的甲醇洗净抽干，待甲醇挥发后，称量。根据得到的质量，按以上比例加入氯仿，使其溶解，加入甲醇，使其沉淀，这样反复再结晶两次后，将沉淀（BPO）置于真空干燥箱中干燥（不能加热，因为容易引起爆炸）；称量，熔点为 170 °C（分解）；产品放在棕色瓶中，保存于干燥器中。过氧化苯甲酰在不同溶剂的溶解度如表 A-3 所示。

表 A-3　过氧化苯甲酰的溶解度（20 °C）

溶　剂	石油醚	甲醇	乙醇	甲苯	丙酮	苯	氯仿
溶解度	0.5	1.0	1.5	11.0	14.6	16.4	31.6

（二）偶氮二异丁腈（ABIN）的精制

偶氮二异丁腈是广泛应用的引发剂，作为它的提纯溶剂主要是低级醇，尤其是乙醇。也有用乙醇-水混合物、甲醇、乙醚、甲苯、石油醚等作溶剂进行精制的报道。它的分析方法是测定生成的氮气，其熔点为 102 ~ 130 °C（分解）。

ABIN 的精制步骤：在装有回流冷凝管的 150 mL 锥形瓶中，加入 50 mL 的 95%乙醇，于水浴上加热至接近沸腾，迅速加入 5 g 偶氮二异丁腈，摇动，使其全部溶解（煮沸时间长，分解严重）；热溶液迅速抽滤（过滤所用漏斗及吸滤瓶必须预热）；滤液冷却后得白色结晶，用布氏漏斗过滤后，结晶置于真空干燥箱中干燥，称量。其熔点为 102 °C（分解）。

（三）过硫酸钾和过硫酸铵的精制

在过硫酸盐中主要杂质是硫酸氢钾（或硫酸氢铵）和硫酸钾（或硫酸铵），可用少量水反复结晶进行精制。将过硫酸盐在 40 °C 水中溶解并过滤，滤液用冰水冷却，过滤出结晶，并以冰冷的水洗涤，用 $BaCl_2$ 溶液检验滤液无 SO_4^{2-} 为止，将白色柱状及板状结晶置于真空干燥箱中干燥，在纯净干燥状态下，过硫酸钾能保持很久，但有湿气时，则逐渐分解出氧。

过硫酸钾和过硫酸铵可以用碘量法测定其纯度。

附录B　常用聚合物的中英文名称与缩写

AR	Alkyd Resin	醇酸树脂
ABS	Acrylonitrile Butadiene Styrene	丙烯腈-丁二烯-苯乙烯共聚物
BR	Polybutadiene	顺丁胶
ER	Epoxide Resin	环氧树脂
EPDM	Ethylene-Propylene-DieneMonomer	乙丙三元胶
IIR	Butyl Rubber	丁基橡胶
IR	Polyisoprene	异戊橡胶
MF	Melamine-Formaldehyde	三聚氰胺甲醛树脂
NR	Natural Rubber	天然橡胶
PA	PolyAmide	聚酰胺
PAA	Poly(Acrylic Acid)	聚丙烯酸
PAM	Poly(Acryamide)	聚丙烯酰胺
PAN	Polyacrylonitrile	聚丙烯腈
PB	PolyButadiene	聚丁二烯
PB-1	PolyButene-1	聚丁烯-1
PBT	Poly(Butylene Terephthalate)	聚对苯二甲酸丁二醇酯
PC	PolyCarbonate	聚碳酸酯
PCTFE	Polychlorotrifluoroethylene	聚三氟氯乙烯
PE	Polyethylene	聚乙烯
PEG	Poly(ethyleneglycol)	聚乙二醇
PEO	Poly(ethylene oxide)	聚环氧乙烷/聚氧化乙烯
PET	Poly(ethylene terephthalate)	聚对苯二甲酸乙二醇酯
PF	Phenol-Formaldehyde	酚醛树脂
PI	Polyisoprene	聚异戊二烯

PI	Polyimide	聚酰亚胺
PIB	Polyisobutylene	聚异丁烯
PMA	Poly(methyl acrylate)	聚丙烯酸甲酯
PMMA	Poly(methylMethacrlate)	聚甲基丙酸甲酯
POM	Polyoxymethylene/Polyformaldehyde	聚甲醛
PP	Polypropylene	聚丙烯
PPO	Poly(Propylene Oxide)	聚环氧丙烷/聚氧化丙烯
PPO	Poly(Phenylene Oxide)	聚苯醚
PPS	Poly(Phenylene Sulphide)	聚苯硫醚
PS	PolyStyrene	聚苯乙烯
PS	PolySulphone/PolySulfone	聚砜
PSI	Polysiloxane	聚硅氧烷
PTFE	Polytetrafluoroethylene	聚四氟乙烯
PU	Polyurethane resin	聚氨酯
PVA	Poly(Vinyl Alcohol)	聚乙烯醇
PVAc	Polyvinyl acetate	聚醋酸乙烯
PVC	Poly(Vinyl Chloride)	聚氯乙烯
PVDC	Poly(Vinylidene Chloride)	聚偏氯乙烯
PVF	Poly(Vinyl Floride)	聚氟乙烯
SBR	Styrene Butadiene Rubber	丁苯橡胶
UF	Urea-formaldehyde	氨基树脂 脲醛树脂
UP	Unsaturated Polyester resin	不饱和聚酯树脂
	Polyether	聚醚

参考文献

[1] 冯新德. 高分子合成化学[M]. 北京：科学出版社，1982.
[2] 何卫东，金邦坤，郭丽萍. 高分子化学实验[M]. 合肥：中国科学技术大学出版社，2012.
[3] 孙汉文，王丽梅，董建. 高分子化学实验[M]. 北京：化学工业出版社，2012.
[4] 日本高分子学会. 高分子科学实验室[M]. 日本：化学同人，1981.
[5] 天津隆行，木下雅悦. 高分子四合成实验法[M]. 日本：化学同人，1972.
[6] 柯林斯 E A，贝勒司 J，毕尔梅耶 F W. 聚合物科学实验[M]. 王盈康，曹维孝译. 北京：科学出版社，1983.
[7] 复旦大学化学系高分子教研组. 高分子实验技术[M]. 上海：复旦大学出版社，1983.
[8] 杨海洋，朱平平，何平笙. 高分子物理实验[M]. 第 2 版. 合肥：中国科技大学出版社，2008.
[9] 李允明. 高分子物理实验[M]. 杭州：浙江大学出版社，1996.
[10] 北京大学化学系高分子化学教研室. 高分子物理实验[M]. 北京：北京大学出版社，1983.
[11] 陈厚，马松梅，蒙延峰.高分子材料加工与成型实验[M]. 第 2 版. 北京：化学工业出版社，2018.
[12] 刘弋潞. 高分子材料加工实验[M]. 北京：化学工业出版社，2018.
[13] 吴智华. 高分子材料加工工程实验教程[M]. 北京：化学工业出版社，2014.
[14] 倪才华，陈明清，刘晓亚.高分子材料科学实验[M]. 北京：化学工业出版社，2015.
[15] 李历生. 聚丙烯索尔维型催化剂的电子显微镜研究[J]. 高分子通讯，1978(1): 34-35.
[16] 肖汉文，王国成，刘少波. 高分子材料与工程实验教程[M]. 第 2 版. 北京：化学工业出版社，2016.
[17] 高炜斌. 高分子材料分析与测试[M]. 第 2 版. 北京：化学工业出版社，2009.
[18] 张鸿志，董修智，冯新德. 四氢呋喃开环聚合的研究[J]. 高分子通讯，1978（2）: 119-123.
[19] 麦卡弗里. 高分子化学实验室制备[M]. 蒋硕健译. 北京：科学出版社，1981.
[20] 大津隆行，木下雅悦.高分子合成四实验法[M]. 日本：化学同人，1979.

[21] 张贞浴. 聚丙烯酰胺水解度的测定方法[S]. GB/T 12005.6—1989.
[22] 钱人元. 高聚物的分子量测定[M]. 北京：科学出版社，1958.
[23] 于波，马立国，于海岩，等. 导电聚苯胺的合成及性能研究[J]. 弹性体，2011，21（2）：52-56.
[24] 冯开才，李谷，符若文，高分子物理实验[M]. 北京：化学工业出版社，2014.